全国"十四五"规划精品教材

Photoshop CS6
经典综合实例教程

主　编　王亚全　赵善利

副主编　赵　莹　刘梦溪　黄梅娟

　　　　林教刚　蹇伟芳　王丽艳

印刷工业出版社

图书在版编目（CIP）数据

Photoshop CS6经典综合实例教程/王亚全主编. 一
北京 ：印刷工业出版社,2014.12
　　ISBN 978-7-5142-1092-7

I.①P… II.①王… III.①图像处理软件－教材
IV.①TP391.41

中国版本图书馆CIP数据核字(2014)第277873号

Photoshop CS6经典综合实例教程

王亚全/主编

责任编辑：蔡亚林　　　　　　　　责任设计：刘　凯
责任校对：郭　平　　　　　　　　责任印制：冷雪涵
出版发行：印刷工业出版社（北京市翠微路2号 邮编：100036）
网　　址：www.keyin.cn　　www.pprint.cn
网　　店：pprint.taobao.com
经　　销：各地新华书店
印　　刷：北京天宇万达印刷有限公司

开　　本：889mm×1194mm　　1/16
字　　数：292千字
印　　张：13.25
印　　次：2022年1月第2版　2022年1月第1次印刷
定　　价：46.80元
I S B N：978-7-5142-1092-7

PREFACE
前言

　　人类从制造工具开始逐渐有了原始的设计过程，在生产实践和日常生活，在追求便捷、实用、美观、高效的过程中逐渐发展成为艺术设计。近现代工业化催发了艺术设计的繁荣，与之相适应的现代艺术设计教育也相伴相生。现代设计教育在我国起步较晚，但在改革开放之后，经济建设的繁荣和人民生活水平的提高，促进了艺术设计教育的迅猛发展，各高等院校艺术设计类专业设置极为普遍。

　　高等艺术设计教育最重要的条件有师资队伍的整合、课程体系的选择及教材的建设与使用等。艺术设计类大学生应具有崇高的理想、健康的审美理念、深厚的文化素养、丰富的生活积累、创新的艺术思维活力和精湛的艺术表现技能，这六方面的知识水平和能力素养，很大程度上与大学生所接受的课程体系和课程教学内容相关。计算机辅助设计课程是艺术设计类、动画类专业的重要专业技能课之一，对于学好艺术设计的其他课程，提高设计技能技巧，提升设计作品的艺术表现效果，具有极其重要的作用。为了使学生能做到学以致用，与时俱进，我们从当代大学生的特点和社会经济生活实际需要出发，编写了这本《Photoshop CS6 经典综合实例教程》教材。

　　为了使本书便于教学，有所创新，我们在编写本教程过程中力图贯穿三个特色：一、鲜明的时代特点（最新的理念、最新的内容）；二、突出的实用特点（突出实用技能、突出实用案例）；三、有利于教学的特点（循序渐进、深入浅出，适用于案例的驱动式教学），有利于调动学生的学习积极性。考虑到基础知识与实际运用技能的有机结合，我们共分十一章进行阐述。前五章主要偏重于基础知识与技能的讲解与练习，分为基础简介篇、选区篇、图像编辑篇、3D技术篇、滤镜专区篇五章。后五章偏重于实际综合应用与练习，分标志设计应用篇、海报设计应用篇、环艺后期处理篇、动作动画设计篇、插画设计绘制篇五章。最后一章是Photoshop CS6新功能的讲解与练习，让学生掌握该设计软件的最新功能技巧，在应对设计中能与时俱进。

　　本书的编写得到朱兴华教授的悉心指导，在此对朱教授的指导表示由衷的感谢。

　　近年来，全国各地高校相继开设了艺术设计系，专业培养细分为视觉传达设计专业、环境艺术设计专业、动画专业，以期培养新型的设计人才。河北师范大学汇华学院自建院以来，艺术专业不断积累经验，历年的毕业生均受到用人单位的青睐。本书阐述了Photoshop在专业教学中不可或缺的地位，是各专业基础教学的必修课程。三年前我们在河北师范大学汇华学院的积极支持下，编著了《Photoshop CS6实训教程》，反响强烈，有力地激发了视觉传达设计、环境艺术设计、动画专业学生的学习热情。教学中，学生的学习需求由Photoshop的基础知识向综合案例的学习迈进，这也是本书编写的初衷。本书作为对综合案例的经典呈现，希望对学生更进一步的学习有帮助。

　　限于作者学识水平，书中一定存在很多不足，诚恳希望前辈、同行和读者的批评指正。

编　者

序

　　艺术是美的集中体现，是美的结晶。视觉艺术是运用一定的物质材料在空间塑造平面或立体的艺术形象，包括各类绘画、雕塑、平面设计、立体（环境）设计、建筑、园林等。这些通过构图、造型等创作的视觉艺术作品的大千世界，是艺术工作者审美意识和艺术技法的物态化结晶。这些艺术作品有针对性地、有条件地满足了我们的物质需求和精神需求。

　　设计是人类一种有目标的创造性活动，伴随着人类文明的发展，是一种为人们未来的生活世界勾画蓝图的活动。艺术设计最主要的是平面设计和环境设计。平面设计是从绘画中发展而来的，随着科技的发展，借助声、光、电等手段，平面设计的领域和手段发生了根本性的变化。计算机的应用，使艺术设计的技法手段突飞猛进。计算机辅助设计因其快捷、高效、准确、精密以及便于保存、交流和修改的优势而被广泛应用于艺术设计的方方面面。

　　点阵图像设计软件——Photoshop，是将科学技术设计和艺术设计紧密结合的优秀范例，它把计算机程序设计与平面设计有机地进行了组合，可以说是强强联合的设计手段的成果。当代美术类、设计类大学生学习好、运用好 Photoshop，将会使自己的设计手段如虎添翼，设计过程有一日千里的感觉。好的教材是学习好、运用好设计技法手段的重要条件，《Photoshop CS6 经典综合实例教程》就是一部值得介绍的学习用教材。

　　本教材是青年教师王亚全在从事多年专业教学的基础上完成的。他们在多年的专业课教学中积累了丰富的课堂教学经验，积攒了大量的教学案例，他们通过深入浅出的阐述，从易到难、循序渐进地对软件进行了讲解。在此基础上，加强了运用案例的介绍，如标志设计应用、海报设计应用、环艺后期处理、动作动画设计、插画设计绘制等，通过经典案例教学的介绍，拓宽了 Photoshop 的艺术设计应用领域，对学习的学生是一个很好的启发。本教材还特别重视对软件程序的开发潜能的介绍，尤其对 Photoshop CS6 新功能的讲解，使学习该软件的学生能与时俱进。

　　希望本教材能够为提高艺术设计类大学生的技能素质做出一点贡献。

朱兴华

朱兴华
　　河北师范大学美术与设计学院教授，享有河北省政府津贴，硕士研究生导师兼河北师范大学汇华学院艺术学部主任，曾任河北师范大学美术与设计学院院长。

CONTENTS

目录

APTER 1

第一章
Photoshop基础简介

■ 课前目标

　　本章主要介绍了图像印前的基本知识，详细讲述了 Adobe Photoshop CS6 的界面操作，以及它的功能特点和制作图像的一些基本工具的使用方法。

Adobe Photoshop CS6 是 Adobe 公司旗下最为著名的图像处理软件之一，该软件集图像扫描、编辑修改、动画制作、环艺图像后期处理、标志制作、广告创意、插画设计，图像输入与输出于一体的图形图像处理软件，深受广大平面设计人员和电脑美术爱好者的喜爱。本教材基于基础知识，主要探索软件在各行各业的实际应用。

1.1 图像处理基础知识

本章介绍了图像的基础知识、各种文件格式与图像色彩模式等方面的知识，目的是学习如何控制图像的这些属性，使之符合要求，这些基础知识都是使 Photoshop 所处理的图像从屏幕走向实际应用的必备基础知识。

1.1.1 位图与矢量图

Photoshop 所处理的图像分为位图图像与矢量图图像两大类，两者之间各有自己的优缺点，正确认识与对待，有利于实际应用中创建、编辑图像与图形。在认识两者前，必须先要了解像素的概念。

像素：在 Photoshop 中，像素是组成图像的最基本单元，它是一个个小矩形的颜色块。一个图像通常由很多像素组成，这些像素被排列成横行或纵列。当我们以缩放工具把图像放大到一定比例时，就可以看到类似马赛克的效果。每个像素都有不同的色值，图像单位长度的像素数越多，那么品质就越好，图像就越清晰。

1. 位图

位图是 Photoshop 常用的图像样式，这些图像是由颜色不同的一个个像素组成的，因此又称为像素图或点阵图。位图的特点是可以表现色彩的变化和颜色的细微过渡，产生逼真的图像效果，并且很容易在不同的 Adobe 软件间交换使用。但这类图像容量较大，需占用较大的内存空间 (如图 1-1 所示)。

图1-1 位图

放大之后，位图都以像素来显示 (如图 1-2 所示)。

图1-2 位图放大后展示

2. 矢量图

矢量图是由经过精确定义的直线和曲线组成的，这些直线和曲线称为向量，因此矢量图又称为向量图。其中每一个对象都是独立的个体，它们都有各自的色彩、形状、尺寸和位置坐标等属性。在矢量编辑软件中，可以任意改变每个对象的属性，而不会影响到其他的对象，也不会降低图像的品质。

矢量图与像素和分辨率无关，也就是说，可以将矢量图缩放到任意尺寸，可以按任意分辨率打印，不会丢失细节或降低清晰度。这类图像的优点是，创建的文件小，需占用的内存小，但只能做些简单的图像。如图1-3所示为位图与矢量图形放大后的对比效果。

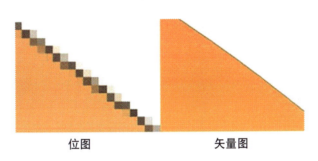

位图　　　　　　　　矢量图

图1-3 位图与矢量图放大后的对比效果

1.1.2 分辨率

图像的分辨率，指的是位图图像的清晰程度，单位是ppi（每英寸所拥有的像素数目）。分辨率的高低与图像的大小之间有着密切的关系，分辨率越高，所包含的像素越多，图像的信息量越大，因此文件也就越大。此外，图像的清晰程度也与像素的总数有关，像素数目和分辨率共同决定了打印时图像的大小。

图像的分辨率 = 像素数 / 图像尺寸

例如：一幅 1500 像素×900 像素的图像，分辨率为 300 ppi，则打印尺寸就是 5 英寸×3 英寸。图像的分辨率越高，输出效果就越清晰，处理中的图像，应保持尽可能高的像素数和色彩数。因为，被处理的图像今后可能的用途很多。

1.1.3 图像格式

在实际工作中，针对不同的使用要求，我们应将图像用不同的格式进行存储和输出。常用的图像文件格式有以下几种。

1.PSD 格式

PSD（Photoshop Document），是著名的 Adobe 公司的图像处理软件 Photoshop 的专用格式。这种格式可以存储 Photoshop 中所有的图层、通道、参考线、注解和颜色模式等信息。在保存图像时，若图像中包含图层，则一般都用 PSD 格式保存。由于 PSD 文件保留所有原图像数据信息，因而修改起来较为方便,大多数排版软件不支持 PSD 格式的文件。

但由于 PSD 格式的文件是一种图像文件格式,因此,使用看图软件如 ACDSee 等是可以打开的。

提示:如果用旧版本的 Photoshop 来打开新版本的 Photoshop 所创建的 PSD 文件,则被打开的文件会丢失在新版本中所创建的新增的功能信息。

2.BMP 格式

BMP（Bitmap）是 Windows 操作系统中的标准图像文件格式,Windows 画笔程序就使用 BMP 格式,它支持 1~32 位的色彩深度,支持 RGB、索引颜色、灰度、位图等色彩模式,这种格式包含的图像信息较为丰富,几乎不进行压缩,所以此类文件格式所占用的磁盘空间也较大。但在 Photoshop 中此类格式的文件不能保存 Alpha 通道、路径等信息。

3.TIFF 与 TGA

TIFF（Tagged Image File Format）译为标签图像文件格式,这种格式主要用来存储包括照片与艺术图片在内的图像文件。由于这种图像格式较复杂,存储信息多,占用存储空间大,其大小是 GIF 图像的 3 倍,是相应的 JPEG 图像的 10 倍。但在 Photoshop 中 TIFF 支持灰度、RGB 和 CMYK 等色彩模式,现今它是一种被广泛接受的标准格式。

TGA（Targa）格式是计算机上应用最广泛的图像格式。在兼顾了 BMP 的图像质量的同时又兼顾了 JPEG 的体积优势。并且还有自身的特点:通道效果、方向性。在 CG 领域常作为影视动画的序列输出格式,因为兼具体积小和效果清晰的特点。

TGA 格式最早是为显卡开发的一种图像文件格式,应用于图形、图像工业。其结构比较简单,属于一种图形图像数据的通用格式,是计算机生成图像向电视转换的一种首选格式。其最大的特点是可做不规则的图形、图像文件,支持压缩,支持灰度、RGB、CMYK 等色彩模式。

4.JPEG

JPEG 是常见的一种图像格式,它由联合照片专家组（Joint Photographic Experts Group）开发并命名为"ISO 10918-1",JPEG 仅仅是一种俗称而已。

JPEG 文件的扩展名为 .jpg 或 .jpeg,其压缩技术十分先进,它用有损压缩方式去除冗余的图像和彩色数据,在获取极高的压缩率的同时能展现十分丰富生动的图像,换句话说,就是可以用最小的磁盘空间得到较好的图像质量。

同时 JPEG 还是一种很灵活的格式,具有调节图像质量的功能,允许用不同的压缩比例对这种文件压缩,比如我们最高可以把 1.37 MB 的 BMP 位图文件压缩至 20.3 KB。当然我们完全可以在图像质量和文件尺寸之间找到平衡点。

JPEG 格式是目前网络上最流行的图像格式,是可以把文件压缩到最小的格式,在 Photoshop 软件中以 JPEG 格式储存时,提供 11 级压缩级别,以 0~10 级表示。其中 0 级压缩率最高,图像品质最差。即使采用细节几乎无损的 10 级质量保存时,压缩率也可达 5：1。以 BMP 格式保存时得到 4.28 MB 图像文件,在采用 JPG 格式保存时,其文件仅为 178 KB,压缩率达到 24：1。经过多次比较,采用第 8 级压缩为存储空间与图像质量兼得的最佳比例。JPEG 2000 作为 JPEG 的升级版,其压缩率比 JPEG 高 30% 左右,同时支持有损压缩和无损压缩。

JPEG 2000 格式有一个极其重要的特征——能实现渐进传输,即先传输图像的轮廓，然后逐步传输数据，不断提高图像质量，让图像由朦胧到清晰渐进显示。此外，JPEG 2000 还支持所谓的"感兴趣区域"特性，可以任意指定影像上感兴趣区域的压缩质量，还可以选择指定的部分先解压缩。

JPEG 2000 和 JPEG 相比优势明显，且向下兼容，因此可取代传统的 JPEG 格式。JPEG 2000 既可应用于传统的 JPEG 市场，如扫描仪、数码相机等，又可应用于新兴领域，如网路传输、无线通信等。

5. GIF

GIF（Graphics Interchange Format） 的原意是"图像互换格式"，是 CompuServe 公司在 1987 年开发的图像文件格式。GIF 文件的数据，是一种基于 LZW 算法的连续色调的无损压缩格式。其压缩率一般在 50% 左右，它不属于任何应用程序。目前几乎所有相关软件都支持它，公共领域有大量的软件在使用 GIF 图像文件。GIF 图像文件的数据是经过压缩的，而且是采用了可变长度等压缩算法。GIF 格式的另一个特点是其在一个 GIF 文件中可以保存多幅彩色图像，如果把保存于一个文件中的多幅图像数据逐幅读出并显示到屏幕上，就可构成一种最简单的动画。

GIF 格式自 1987 年由 CompuServe 公司引入后，因其体积小而成像相对清晰，特别适合于初期慢速的互联网，而从此大受欢迎。它采用无损压缩技术，只要图像不多于 256 色，则可既减少文件的大小，又保持成像的质量。（当然，现在也存在一些 Hack 技术，在一定的条件下克服 256 色的限制）然而，256 色的限制大大局限了 GIF 文件的应用范围，如彩色相机等。（当然采用无损压缩技术的彩色相机照片亦不适合通过网络传输）另外，在高彩图片上有着不俗表现的 JPG 格式却在简单的折线效果上不尽如人

意。因此 GIF 格式普遍适用于图表、按钮等只需少量颜色的图像（如黑白照片）。

6. PNG

PNG(Portable Network Graphic Format)，原为可移植网络图形格式，名称来源于非官方的"PNG's Not GIF"，是一种位图文件(Bitmap File) 存储格式，读成"ping"。其目的是试图替代 GIF 和 TIFF 文件格式，同时增加一些 GIF 文件格式所不具备的特性。PNG 用来存储灰度图像时，灰度图像的深度可多达 16 位；存储彩色图像时，彩色图像的深度可多达 48 位，并且还可存储多达 16 位的 Alpha 通道数据。PNG 使用从 LZ77 派生的无损数据压缩算法，一般应用于 Java 程序、网页或 S60 程序中，这是因为它压缩率高，生成文件容量小。

PNG 格式有 8 位、24 位、32 位三种形式，其中 8 位 PNG 支持两种不同的透明形式（索引透明和 Alpha 透明），24 位 PNG 不支持透明，32 位 PNG 在 24 位基础上增加了 8 位透明通道，因此可展现 256 级透明程度。

PNG8 和 PNG24 后面的数字则是代表这种 PNG 格式最多可以索引和存储的颜色值。8 代表 2 的 8 次方也就是 256 色，而 24 则代表 2 的 24 次方，大概有 1600 多万色。

PNG8 支持 1 位的布尔透明通道，所谓布尔透明指的是要么完全透明要么完全不透明，PNG24 则支持 8 位（256 阶）的 Alpha 通道透明，也就是说可以存储从完全透明到完全不透明一共 256 个层级的透明度（即所谓的半透明）。

7. EPS

EPS（Encapsulated PostScript），是跨平台的标准格式，是专用的打印机描述语言，可以描述矢量信息和位图信息。作为跨平

台的标准格式，它类似 CorelDRAW 的 CDR，ILLUSTRATOR 的 AI 等。扩展名在 PC 平台上是 .eps，在 Macintosh 平台上是 .epsf，主要用于矢量图像和光栅图像的存储。

EPS 格式采用 PostScript 语言进行描述，并且可以保存其他一些类型信息，如多色调曲线、Alpha 通道、分色、剪辑路径、挂网信息和色调曲线等，因此 EPS 格式常用于印刷或打印输出。

由于该标准制定得早，几乎所有的平面设计软件都能够兼容，所以用 Photoshop，Illustrator、CorelDraw、Freehand 等都可以打开。

8. AI

人工智能 (Artificial Intelligence)，英文缩写为 AI。它是研究、开发用于模拟、延伸和扩展人的智能的理论、方法、技术及应用系统的一门新的技术科学。人工智能是计算机科学的一个分支，它企图了解智能的实质，并生产出一种新的能以与人类智能相似的方式做出反应的智能机器，该领域的研究包括机器人、语言识别、图像识别、自然语言处理和专家系统等。

1.1.4 颜色基础知识

颜色的基础属性由色相、饱和度和亮度三个基本属性构成。

在 Photoshop 中，用 RGB 的色光混合（也就是加法混合）来模拟颜色的显示。我们可以使用键盘上的快捷键 F6 键来显示或隐藏颜色调板（如图 1-4 所示）。

RGB 色彩模式是一种基于显示器原理形成的色彩模式，即色光的彩色模式，是一种加色模式。它由 R（红色）、G（绿色）、B（蓝色）三种颜色叠加形成其他色彩，由于每一种色彩都有 256 个亮度水平级，即从 0~255，所以它们可以表达的色彩就是 256×256×256=16 777 216 种。

在实际中，我们在打印输出时用的是 CMYK 的颜色混合模式（减法混合）（如图 1-5 所示）。这是一种基于印刷的色彩模式，即减色模式（如图 1-6 所示）。在物理学上是这样描述的：我们的眼睛为什么能够看到物体的颜色呢？是因为日光照射到物体上，由于物体吸收了一部分色光，把其他剩下的光反射到了我们的眼中，而在我们的眼中形成了色彩。如红旗，它吸收了白光中的青光，我们眼睛就感觉到它是红色了。

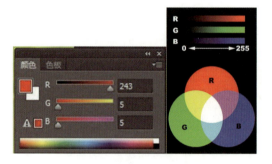

图1-4 颜色调板

图1-5 CMYK色彩模式

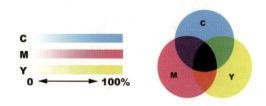

图1-6 CMYK的减法混合

1.1.5 颜色模式

1. RGB

RGB 色彩模式是工业界的一种颜色标准，是通过对红 (R)、绿 (G)、蓝 (B) 三个颜色通道的变化以及它们相互之间的叠加来得到各式各样的颜色。RGB 即是代表红、绿、蓝三个通道的颜色，这个标准几乎包括了人类视力所能感知的所有颜色，是目前运用最广的颜色系统之一。

RGB 色彩模式使用 RGB 模型为图像中每一个像素的 RGB 分量分配一个 0~255 范围内的强度值。RGB 图像只使用三种颜色，就可以使它们按照不同的比例混合，在屏幕上重现 16 777 216(256×256×256) 种颜色。

2. CMYK

CMYK 色彩模式也称作印刷色彩模式，是一种依靠反光的色彩模式，和 RGB 类似，C、M、Y 是 3 种印刷油墨名称的首字母：Cyan（青色）、Magenta（品红色）、Yellow（黄色）。而 K 取的是 Black 最后一个字母，之所以不取首字母，是为了避免与蓝色 (Blue) 混淆。从理论上来说，只需要 C、M、Y 三种油墨就足够了，它们三个加在一起就应该得到黑色。但是由于目前制造工艺还不能制造出高纯度的黑色油墨，CMY 相加的结果实际上是一种暗红色。

CMYK 之所以称作印刷色彩模式，顾名思义就是用来印刷的。它和 RGB 相比有一个很大的不同：RGB 模式是一种发光的色彩模式，你在一间黑暗的房间内仍然可以看见屏幕上的内容。

CMYK 是一种依靠反光的色彩模式，我们是怎样阅读报纸的内容呢？是由阳光或灯光照射到报纸上，再反射到我们的眼中，才看得到内容。它需要有外界光源，如果你在黑暗房间内是无法阅读报纸的。

只要在屏幕上显示的图像，就是 RGB 模式表现的。只要是在印刷品上看到的图像，就是 CMYK 模式表现的，如期刊、杂志、报纸、宣传画等，都是印刷出来的，那么就是 CMYK 模式的了。

3. 灰度

灰度使用黑色调表示物体，即以黑色为基准色，不同的饱和度的黑色来显示灰度图像。每个灰度对象都具有从 0（白色）到 100%（黑色）的亮度值。使用黑白或灰度扫描仪生成的图像通常以灰度显示。

使用灰度还可将彩色图稿转换为高质量黑白图稿。在这种情况下，Adobe Illustrator 放弃原始图稿中的所有颜色信息，转换对象的灰色级别（阴影）表示原始对象的亮度。

将灰度对象转换为 RGB 时，每个对象的颜色值代表对象之前的灰度值。也可以将灰度对象转换为 CMYK 对象。

自然界中的大部分物体平均灰度为 18%。

在物体的边缘呈现灰度的不连续性，图像分割就是基于这个原理。

4. HSB

在 HSB 模式中，H(Hues) 表示色相，S(Saturation) 表示饱和度，B（Brightness）表示亮度。HSB 模式对应的媒介是人眼。

HSB 与 HSV 相同。

色相（Hue,H）：在 0°~360°的标准色轮上，色相是按位置度量的。在通常的使用中，色相是由颜色名称标识的，如红、绿或橙色。黑色和白色无色相。

饱和度（Saturation,S）：表示色彩的纯度，0 时为灰色。白、黑和其他灰色色彩都没有饱和度。在最大饱和度时，每一色相具有最纯的色光。取值范围为 0 ~ 100%。

亮度（Brightness,B 或 Value,V）：表示色彩的明亮度。0 时即为黑色。最大亮度是色彩最鲜明的状态。取值范围为 0~100%。

HSB 模式中 S 和 B 呈现的数值越高，饱和度和亮度就越高，页面色彩强烈艳丽，对视觉刺激是迅速的、醒目的效果，但不易于长时间观看。以上两种颜色的 S 数值接近，是强烈的状态。H 显示的度是代表在色轮表里某个角度所呈现的色相状态，相对于 S 和 B 来说，意义不大。

5. Lab

Lab 颜色模型是一种基于人对颜色的感觉的颜色系统。Lab 中的数值描述正常视力的人能够看到的所有颜色。因为 Lab 描述的是颜色的显示方式，而不是设备（如显示器、桌面打印机或数码相机）生成颜色所需的特定色料的数量，所以 Lab 被视为与设备无关的颜色模型。颜色色彩管理系统使用 Lab 作为色标，以将颜色从一个色彩空间转换到另一个色彩空间。Lab 颜色模式的亮度分量 (L) 范围是 0~100。

Lab 色彩模型是由亮度（L）和有关色彩的 a、b 三个要素组成的。L 表示亮度（Luminosity），a 表示从洋红色至绿色的范围，b 表示从黄色至蓝色的范围。L 的值域是 0~100，L=50 时，就相当于 50% 的黑；a 和 b 的值域都是由 +127~ −128，其中 +127 a 就是洋红色，渐渐过渡到 −128 a 的时候就变成绿色；同样原理，+127 b 是黄色，−128 b 是蓝色。所有的颜色就以这三个值交互变化所组成。例如，一块色彩的 Lab 值是 L = 100，a = 30，b = 0，这块色彩就是粉红色。

1.1.6 文件页面设置

在 Photoshop 中，使用菜单文件中的"新建"命令来设置文档或图像的页面大小以及图像的属性，或者使用键盘上的快捷键 Ctrl+N 来进行页面设置（如图 1-7 所示）。

在打开的"新建"对话框中，我们可以设置图像的一些基本属性。

名称：新建的图像名称。

预设：在下拉列表的选项中规定了各种常用纸张的大小，也可以自定义设置（如图 1-8 所示）。

宽度：文档的宽度，单位有像素、厘米、毫米、英寸、点、派卡、列，我们只需按照自己的需要来进行选择即可。

高度：同宽度的设定一样。

分辨率：可以设定文档或是图像的分辨率，分辨率越高图像越清晰，反之，图像在单位尺寸中的像素数就少，图像的清晰度就不高。

颜色模式：规定了图像建立的颜色显示形式，如果将来要打印输出，在这里我们需选择 CMYK 模式。

背景内容：下拉列表选项中有三种，即白色、背景色以及透明。

图1-7 "新建"命令对话框

图1-8 常用纸张的大小

1.1.7 辅助工具

在 Photoshop 中，我们在作图之前应该养成良好的习惯，使用辅助工具，既可以优化作图环境又可以节省作图时间。这里主要介绍标尺、网格和参考线，至于计数工具、吸管工具等，有兴趣的同学可自行学习。

1.标尺

标尺的主要作用就是度量当前图像的尺寸，同时对图像进行辅助定位，使图像的编辑更加准确。操作时执行菜单中的"视图"→"标尺"命令，或者使用快捷键 Ctrl+R，即可在当前图像中显示标尺。如果要将文件中的标尺隐藏，可再次执行菜单中的"视图"→"标尺"命令，或者使用快捷键 Ctrl+R。

修改标尺的原点，用以度量文件的尺寸，可以使用鼠标左键在标尺的原点进行拖曳，拖至需要度量的位置即可（如图 1-9、图 1-10 所示）。

复原原点，直接在标尺的左上角进行双击即可。

设定标尺的单位，可以在标尺上双击或者在菜单中选择"编辑"→"首选项"→"单位与标尺"进行设置。如图 1-11 所示为打开的首选项对话框。

2.网格

网格由显示在文件中的一系列相互交叉的直线所构成。执行菜单中的"视图"→"显示"→"网格"命令，或是使用快捷键 Ctrl+'，即可在当前打开的文件的页面中显示网格。如果想将文件中的网格隐去，可再次执行菜单中的"视图"→"显示"→"网格"命令，或是使用快捷键 Ctrl+'、Ctrl+H 即可。

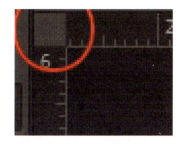

图1-9 标尺度量

图1-10 标尺测量展示

图1-11 "首选项"对话框

3. 参考线

当执行"视图"→"新建参考线"时，在弹出的对话框中设置一个选项参数，可以精确地在当前文件中新建参考线。另外，当前文件显示标尺时，将鼠标移动到标尺的任意位置，单击向画面中拖动，可以为画面添加参考线。

清除参考线可以按 Ctrl 键，将其拖回标尺。

移动参考线可以使用工具箱的移动工具，也可按 Ctrl 键，进行拖动。

设置参考线的属性，按 Ctrl 键，在参考线上双击，打开"首选项"对话框选择"参考线、网格和切片"，进行设定（如图 1-12 所示）。

显示和隐藏参考线，使用菜单中"视图"→"显示"→"参考线"，或者使用快捷键 Ctrl+；，隐藏参考线再次使用快捷键 Ctrl+；或者使用快捷键 Ctrl+H。

图1-12 参考线设定

1.1.8 出血

出血的设定是基于印刷的要求，一般在印刷的版上印刷不会那么精准，由于每次印刷都是大量的令数跟台数，而在裁的时候如果没有出血线，那么印后裁出来的东西可能没办法满版。

一般出血的宽度都是留 3 毫米，有时视纸张的厚度，也可以留出 5 毫米。

出血线的粗细为 0.1 毫米，长度按实际需要而定，一般是 10 毫米（如图 1-13 所示）。

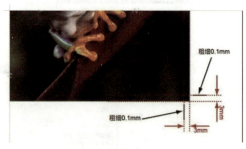

图1-13 出血设定

1.1.9 文件输出

Photoshop 最后的文件输出。

1.1.10 印前检查

1. 检查"图像"→"图像大小"，分辨率，要确定是 300 像素 / 英寸。300 像素 / 英寸的图稿在印刷时可以保证网点的清晰，还不会因为网点太密而导致粘版。

2. 检查"图像"→"模式"，确定图像是"8 位 / 通道"。

3. 检查"图像"→"模式"，确定图像模式是"CMYK"。

4. 使用吸管工具检查文件所用文字（黑色）为单色黑，即 K=100。

5. 定稿后交付印刷厂之前，应该将文件合层，这样做的好处是文件不会因为后期的改动出现因缺少字体而导致的版面跑位等问题。

6. 比较小的文字最好在矢量软件内制作完成，如 Illustrator、CorelDRAW 等，这是因为矢量软件内制作的文字边缘不会出现像素图那样的锯齿。

7. 双击"缩放工具"将图像显示比例定为 100%，因为这时图像所显示的清晰度和印刷出来以后是基本一样的，用"抓手工具"移动，以检查图像的每个位置都不会在印刷完成后出现发虚的现象。

1.2 Photoshop 界面操作

正确安装 Photoshop CS6 后，单击 Windows 桌面任务栏上的"开始"按钮，在弹出的"开始"菜单中选择"所有程序"→"Adobe Photoshop CS6"命令，即可启动该软件。

1.2.1 界面熟识

Adobe Photoshop CS6 采用了色调更暗、类似苹果摄影软件的界面风格，取代目前的灰色风格（如图 1-14 所示）。

图1-14 Adobe Photoshop CS6的界面展示

菜单栏：在该菜单栏中共排列有 11 个菜单，其中每个菜单都带有一组自己的命令。

工具选项栏：在工具箱中选择了一个工具以后，工具选项栏中会显示出相应工具的各个设置选项，以供用户自行设置。

工具箱：包含各种绘图工具，单击某一工具按钮就可以执行相应的功能。

图像窗口：显示图像的区域，用户在图像窗口中编辑和修改图像，对图像窗口可以进行放大、缩小和移动等操作。

控制面板：右侧的小窗口称为控制面板，用于配合图像编辑和 Photoshop 的功能设置。

状态栏：窗口底部的横条称为状态栏，它能够提供一些关于当前操作的信息。

1.2.2 图像窗口操作

1. 文件的管理

启动 Photoshop 后，在窗口中，除了显示菜单、工具箱和控制面板外，Photoshop 的桌面上是一片黑色。这时，需新建一个图像文件或者打开一个旧文件，进行图像的编辑与修改。这些操作都在文件菜单命令下进行（如图 1-15 所示）。

新建文件：使用快捷键 Ctrl+N。

打开一个文件：使用快捷键 Ctrl+O，或在桌面的空白处双击。

保存一个新的文件：使用快捷键 Ctrl+S。

另存一个图像文件：使用快捷键 Shift+Ctrl+S。

关闭一个图像窗口：使用快捷键 Ctrl+W 或者 Ctrl+F4。

2. 图像窗口控制

在 Photoshop CS6 中，所有窗口的设置均在菜单中"窗口"→"排列"命令中，在工作中，我们可以按照自己的喜好随意地更换窗口的排列设置（如图 1-16 所示）。

通常为了作图的方便，我们习惯将所有文件以"层叠"的形式排列在 Photoshop 的桌面中，这样多个窗口进行切换就可以使用任务栏，也可使用快捷键 Ctrl+Tab 来实现。若使用快捷键进行窗口的切换，可按键 Ctrl+Tab 键或 Ctrl+F6 键切换到下一个图像窗口，按 Ctrl+Shift+F6 键则可以切换到上一个图像窗口。

图1-15 文件菜单

在 Photoshop CS6 中有三种不同的屏幕显示模式：普通模式、全屏幕显示模式和黑底模式，我们可以使用快捷键 F 来进行切换，以查看图像文件的效果。

有时为了节省 Photoshop 的桌面空间，通常会按 Tab 键或 Shift+Tab 键来显示或隐藏工具箱和控制面板。

3. 显示区域控制

在制作图像时，为了便于编辑操作，可

图1-16 窗口的排列设置

以将一幅图像的显示放大数倍后，进行填充或绘制图形等操作。当图像的显示放大后，窗口将不能完整显示，因此，需要配合放大镜、移动工具、抓手工具来进行操作。

值得注意的是，图像的显示比例，是指图像的每一个像素与屏幕上一个光点的比例关系，而不是与图像实际尺寸的比例。改变图像的显示比例并不会改变图像的分辨率和图像尺寸的大小。

放大图像除了使用放大镜外，还可使用快捷键 Ctrl+Space+ 单击；若按 Alt+ Space+ 单击，则可实现缩小图像显示比例。

图像放大和缩小后，可双击放大镜工具按钮，使图像以 100% 比例显示。

使用任何工具的情况下，按下空格（Space）键，则光标在图像窗口中显示为抓手工具，此时可以进行图像移动。

小 结

通过本章的学习，可以了解一些图像处理的基本知识，熟知 Photoshop CS6 的界面；能够快捷有效地对 Photoshop 的窗口进行控制，进而简化操作的步骤，加快图像处理的速度。

实训练习

1. 熟知 Photoshop CS6 的新界面，以及图像的印前准备等工作。
2. 位图与矢量图主要有哪些区别？
3. 什么叫图像分辨率？
4. 熟练应用图像窗口的控制，例如熟知屏幕的显示模式、移动显示区域的方法等。

APTER 2

第二章
选区

■ **课前目标**

本章主要介绍 Photoshop CS6 中包含的选区工具，按照生成的选区效果，将其大致分为两大类：规则选区工具和不规则选区工具。这两大类工具的功能、不同用法，以及它们的编辑调整，最后结合实例来讲述选区范围的存储、载入和调整。

在 **Photoshop** 中，最重要最不可或缺的功能就是选区的应用，几乎所有有针对性的操作都要先从建立选区入手，用户可根据要选择的内容，使用最适合的选区命令，最好、最快捷地创建选区。从选区的形态看，我们可以创建规则选区、不规则选区；按颜色区分，可选择单色或多色等。在具体的操作中可使用快捷键与菜单栏来共同完成图像的编辑。

2.1 选区创建

Photoshop 中选区的创建，通常由工具箱的第一部分工具及选择菜单命令来完成。有些不规则的复杂选区，我们需结合使用钢笔工具、快速蒙版工具、提取（抽出）命令来完成。当然，在 Photoshop CS3 以上版本，抽出命令已作为滤镜的插件来存在，使用时需要下载并安装。

2.1.1 相关工具

一、规则选框工具

规则选框工具的主要功能是在文件中创建各种类型的规则选择区域，创建后，操作只在选框内进行，选框外不受任何影响。主要工具包括矩形、椭圆、单行、单列选框工具（如图 2-1 所示）。

1.【矩形选框工具】

矩形选框工具的快捷键是字母 M，按下 M 键就可以快捷打开矩形选框工具，在矩形选框工具的右下角有一个小三角箭头，按住鼠标左键数秒后，小箭头会弹出一个菜单，这里面包含四种规则的选框工具。

矩形选框工具主要用来绘制矩形选区，在它的选项条上可以规定所绘制矩形选框的大小与比例。不做任何设置时，我们建立的是矩形选区，结合快捷键再进行绘制时，可以建立正方形选区。

矩形选框工具的选项条如图 2-2 所示。

2.【椭圆选框工具】

主要功能是建立椭圆选区和正圆选区。不做任何设置时，我们建立的是椭圆选区，结合快捷键后，可以建立正圆选区。同样在其选项条上，可以规定所绘制圆形选框的大小与比例。

3.【单行选框工具】、【单列选框工具】

单行与单列选框工具主要功能是建立一个像素的行和列的选区，配合 Shift 键，我们可以创建一些表格和辅助线的效果。

图2-1 规则选框工具

图2-2 矩形选框工具选项条

建立单个选区：■点选后，可建立单个矩形选框，配合"样式"里的应用选项，可建立"固定比例"或"固定大小"的矩形选区。

建立复合选区：■点选后，可将新的选区添加到单个选区中，或使两个选区同时存在。使用快捷键 Shift 键，并框选新的选区也可实现同样的效果。

从选区中减去某个选区：■点选后，可从原有选区中减掉一块选区。使用快捷键 Alt 键，在原有选区上框选即可实现减选区的效果。

建立交叉选区：■点选后，可建立一个新的交叉选区，在原有选区的基础上，点选此选项，两次框选的交叉部分将作为新的选区存在。使用快捷键 Shift+Alt，也可实现同样的效果。

羽化：■羽化1 0 像素 羽化选区，使用后会使选区的边缘柔和，填充后可降低边缘的对比度。使用方法：建立选区之前，在工具选项条输入数值，可以直接建立羽化后的选区效果。如果选区已经建立，可以使用菜单"选择"→"修改"→"羽化"，或使用快捷键 Shift+F6 来完成选区的羽化效果。

消除锯齿：■消除锯齿 选中此选项，主要使圆形或弧形的边缘更光滑。

样式：在使用矩形选框工具和椭圆选框工具时，可选择绘制选区的样式。

正常通过拖动创建选区，可自由确定长宽的比例。

固定比例选择该选项后，宽度和高度参数栏被激活，可设置高宽比，绘制的选区将固定在设置的比例下。

固定大小绘制指定大小的选区。在高度和宽度参数栏中可指定具体的参数值。

提示：CS6 的新增功能"上下文提示"，在绘制或调整选区或路径等矢量对象，以及调整画笔的大小、硬度、不透明度时，将显示相应的提示信息（如图 2-3 所示）。

调整边缘：■调整边缘 … 单击调整边缘按钮，可打开"调整边缘"对话框（如图 2-4 所示）。它可以提高选区边缘的品质，并允许对照不同的背景查看选区方便编辑。

图2-3 上下文提示

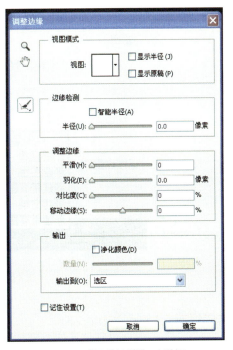

图2-4 "调整边缘"对话框

视图：选择不同视图可以提高调整的可见性（如图 2-5 所示）。

半径：决定选区边界周围的区域大小，将在此区域中进行边缘调整。

平滑：减少选区边界中的不规则区域，创建更加平滑的轮廓。

羽化：在选区及其周围像素之间创建柔滑边缘过渡。

对比度：锐化选区边缘并去除模糊的不自然感。

移动边缘：收缩或扩展选区的边界。

在"输出"选项中，CS6 新增加了输出的设定，可将调整的结果输出到指定的区域（如图 2-6 所示）。

创建选区的技巧：

在拖动鼠标创建选区时不松开鼠标左键，按下空格键，可保持当前的选区不变并可将其平移。松开空格键后，可继续绘制选区。

选中【矩形选框工具】和【椭圆选框工具】，按下 Alt 键拖动鼠标，将以单击位置为中心点创建对称的选区形状。若同时按 Alt+Shift 键，则可以创建出正方形或是正圆选区。

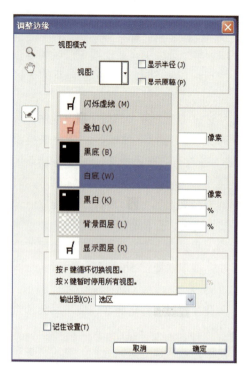

图2-5 调整边缘的视图模式

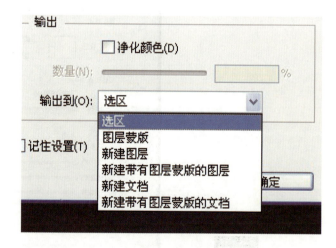

图2-6 输出设定

二、不规则选框工具

不规则选框工具主要功能是在文件中创建各种类型的不规则选择区域，创建后，操作只在选框内进行，选框外不受任何影响。主要工具包括套索工具、快速选择工具、钢笔工具、快速蒙版工具。

1. 套索工具（如图 2-7 所示）

【套索工具】的快捷键是字母 L 键，使用套索工具主要用于建立复杂的几何形状的选区。

【多边形套索工具】主要用于建立直线类型的多边形选择区域，首次建立选区时按住 Shift 键可约束画线的角度为水平、垂直及 45 度。【套索工具】和【多边形套索工具】使用时，按快捷键 Alt 键可临时互相切换。

【磁性套索工具】可以自动捕捉物体的边缘以建立选区。磁性套索工具的选项条如 2-8 图所示，比套索工具、多边形套索工具的选项条多了宽度、对比度、频率等选项。下面我们逐一介绍下。

宽度：定义此工具检索的距离范围。

对比度：定义此工具查找时对边缘的敏感程度。

频率：定义此工具生成固定点的多少。

模拟钢笔压力：此选项用来设置绘图板的笔刷压力，只有安装了绘图板和相关驱动才有效，选择此项，套索的宽度变细。

提示：

（1）在边缘精确定义的图像上，可以使用更大的宽度和更高的边对比度，然后大致地跟踪边缘。在边缘较柔和的图像上，尝试使用较小的宽度和较低的边对比度，然后更精确地跟踪边缘。

（2）结束当前的选区，可以双击鼠标，曲线会自动闭合或按快捷键 Alt+ 双击鼠标，直线会闭合选区。

（3）建立选区时，如遇锚点放置错误，可直接按下 Delete 或 Backspace 键删除刚画好的锚点和路径。

（4）使用磁性套索工具时，可以使用键盘上的 {、} 键，来增大或减小磁性套索工具选项条上的宽度值。

（5）在磁性套索工具下，快捷键 Alt+ 单击，可以切换磁性套索工具和多边形套索工具。

2. 魔棒工具

【魔棒工具】快捷键是 W 键，按 W 键，可以切换到魔棒工具（如图 2-9 所示）。此工具是基于图像中相邻像素的颜色近似程度来进行选择的，适合选区图像中颜色相近或有大色块单色区域的图像，所选取的颜色是以鼠标的落点颜色为基色。

魔棒工具的选项条如图 2-10 所示，下面我们逐一介绍。

图2-7 套索工具

图2-8 磁性套索工具选项条

图2-9 魔棒工具

图2-10 魔棒工具选项条

容差：决定选择区域的精度，值越大越不精确。

连续：只选择与鼠标落点处颜色相近相连的部分。

对所有图层取样：选择所有图层上与鼠标落点处颜色相近的部分，否则只选当前层。

【快速选择工具】快捷键也是 W 键，快速选择工具与魔棒工具的原理是一样的，使用时也是基于图像中相邻或相近的色块来进行选取，所以这两个工具可以使用快捷键 Alt 键来进行切换。快速选择工具的选项条如图 2-11 所示，下面我们逐一介绍。

新选区 ：此选项可直接建立选区。

添加到选区 ：在新选区的建立中，点选此选项或使用键盘上的快捷键 Shift 键，可以将未选取的部分添加到选区中，以精确选区范围。

从选区减去 ：在新选区的建立中，点选此选项或使用键盘上的快捷键 Alt 键，可以在已经选取的选区中减去多选的部分，以精确选区范围。

选取笔头的大小 ：此按钮可以定义，选取时，选取笔头的大小。在英文输入模式下，可以使用键盘上的 {、} 快捷键来增大或减小画笔的大小范围。

自动增强 ：自动增强选区边缘。

3. 橡皮擦工具

橡皮擦工具用于擦除图像中不需要的颜色，主要包括三个复选项（如图 2-12 所示）。

【橡皮擦工具】擦除普通层时露出透明色，擦除背景层时露出背景色。选项条的设置如图 2-13 所示，下面逐一介绍。

画笔：选择擦除时，笔尖的大小与形状。

模式：用于设置擦除的方式，包括画笔、铅笔、块三种。

不透明度：设置橡皮擦擦除时的不透明程度。 点选此按钮，始终对"不透明度"使用压力。在关闭时，由"画笔预设"来控制压力。

流量：使用时，可以设置描边的流动速度。 点选此按钮，可以启用喷枪样式来建立效果。

抹除历史记录：勾选时，可以等同于历史记录画笔，可抹除指定历史记录状态中的区域。 点选此按钮，始终对"大小"使用"压力"。在关闭时，由"画笔预设"来控制压力。

【背景橡皮擦工具】无论是在普通层还是在背景层，均可将图像擦除为透明色。注意：擦除背景层时自动会将背景层转化为普通图层。背景橡皮擦工具的选项条如图 2-14 所示，下面我们逐一介绍。

图2-11 快速选择工具选项条

图2-12 橡皮擦工具

图2-13 橡皮擦工具选项条

图2-14 背景橡皮擦工具选项条

画笔：设定橡皮擦的大小和形状。

取样 ：决定被擦除颜色的方式。分别是：连续取样——进行多次取样；一次取样——只进行一次取样；以背景色板取样——首先设置背景色然后找与背景相近的颜色进行擦除。

限制：限制擦除颜色的范围。包括三个选项，分别是只擦除包含样本颜色并且互相连接的区域；连续——不连续——可删除所有取样颜色，在选定的区域内多次重复擦除；查找边缘——可擦除包含取样颜色相关联区域并保留边缘的清晰与锐利（可将容差设为 1，取样改为一次进行尝试）。

保护前景色：与前景色相同的图像区域不会被擦除。

【魔术橡皮擦工具】根据颜色的近似程度来确定将图像擦成透明的程度。

4. "色彩范围"命令

使用色彩范围命令，Photoshop 会将图像中满足"取样颜色"要求的所有像素点都选出来，与魔棒工具相似，但提供了更多的选区控制，并且更清晰地限制了选区的范围。我们可以在菜单"选择"→"色彩范围"下，打开"色彩范围"的对话框（如图 2-15 所示）。

取样颜色的选择，可以直接在预览区，也可在图像中选取。预览区中的"选择范围"和"图像"，按快捷键 Ctrl 可切换预览。

选择：取样颜色包括单一颜色或色调，色调有高光、中间调和暗调。

颜色容差：规定选择范围的精确程度，值越大，选择越不精确，值越小，选择的范围越精确。

5. 钢笔工具

钢笔工具的快捷键是键盘上的 P 键，主要功能是绘制曲线、绘制路径，并且可以编辑已有的曲线路径，钢笔工具在 Photoshop 的工具箱中，包含五个按钮（如图 2-16 所示）。通过这五个按钮并结合路径选择工具的两个按钮，可以对绘制后的路径曲线进行编辑和修改，完成路径曲线的后期调解工作（如图 2-17 所示）。

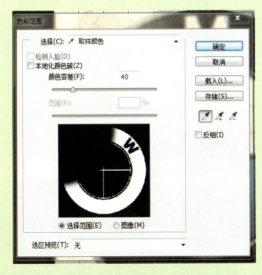

图2-15 "色彩范围"对话框

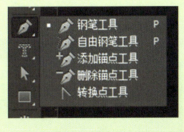

图2-16 钢笔工具

图2-17 路径选择工具

用钢笔工具画好的路径和曲线，可以使用路径调板来调节，在路径调板中我们可以看到每条路径曲线的名称及其缩略图（如图2-18 所示）。

下面我们来一个一个地介绍这些工具的用途。

【钢笔工具】选择钢笔工具，在选项条上，钢笔工具有三种创建模式：创建选区、蒙版、形状（如图 2-19 所示）。

建立新的工作路径：单击钢笔工具按钮，在画布上连续单击可以绘制出折线，按住鼠标左键并拖曳可以绘制一个带曲率调杆的曲线，结束绘制可以按下键盘上的 **Ctrl** 键并同时在画布的任意位置单击。如果要绘制多边形，最后闭合时，将鼠标箭头靠近路径起点，当鼠标箭头旁边出现一个小圆圈时，单击鼠标左键，就可以将路径闭合。

选区…：当选择选项条上此按钮时，会弹出"建立选区"对话框，在该对话框里，可以设置选区的羽化值和选区建立后的存在方式，如"新建选区""添加到选区"等选项（如图 2-20 所示）。

蒙版：选择此按钮，可以为图层创建一个矢量蒙版，并在路径面板中会创建一个新的矢量蒙版。注意此按钮不能在背景图层使用（如图 2-21 所示）。

【形状】创建形状图层模式，不仅可以在路径面板中新建一个路径，同时还会在图层面板中创建一个形状图层，所以如果选择创建的是形状图层选项，可以在创建之前设置形状图层的样式、混合模式和不透明度的大小（如图 2-22 所示）。

图2-18 路径调板

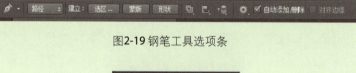

图2-19 钢笔工具选项条

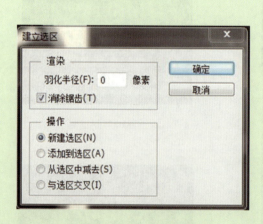

图2-20 "建立选区"对话框

图2-21 蒙版选项效果展示

图2-22 形状选项效果展示

在选项条上，这三个按钮 分别是对路径的形状层进行的操作（如图2-23、图2-24、图2-25所示）。

图2-23 路径操作　　　图2-24 路径对齐方式　　　图2-25 路径排列方式

勾选"自动添加／删除"选项，可以使我们在绘制路径的过程中对绘制出的路径添加或删除锚点，单击路径上的某点可以在该点添加一个锚点，单击原有的锚点可以将其删除。如果未勾选此选项可以通过鼠标右击路径上的某点，在弹出的菜单中选择"添加锚点"或右击原有的锚点，在弹出的菜单中选择"删除锚点"来达到同样的目的。

勾选"橡皮带"选项，可以看到下一个将要定义的锚点所形成的路径，这样在绘制的过程中会感到比较直观。

勾选"对齐边缘"选项，可以使矢量形状边缘与像素网格对齐。

【自由钢笔工具】可以像用画笔在画布上画图一样自由绘制路径曲线。可以不必定义锚点的位置，因为它是自动被添加的，绘制完成后再做进一步的调节。

如果勾选"磁性的"选项，自由钢笔工具将转换为磁性钢笔工具，"磁性的"选项用来控制磁性钢笔工具对图像边缘捕捉的敏感度。

【添加锚点工具】、【删除锚点工具】主要用于对现成的或绘制完成的路径曲线调节时使用。比如要绘制一个很复杂的形状，不可能一次就绘制成功，应该先绘制个大致的轮廓，然后使用这两个工具对齐逐步进行细化直到达到最终的效果。

【转换点工具】此工具主要用来调节路径上的节点，如角点（无曲率调杆的节点）、平滑点（两侧曲率一同调节的节点和两侧曲率分别调节的节点）（如图2-26所示）。

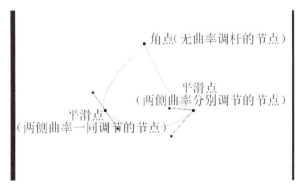

图2-26 转换点工具的使用

三种节点之间可以使用转换点工具进行相互转换。使用该工具，点击平滑点可以使其转换为角点，单击角点并按住鼠标左键拖曳，可以使其转换为平滑点。

【路径选择工具】、【直接选择工具】这两个工具在绘制和调节路径曲线的过程中使用率是很高的。路径选择工具可以选择不同的路径组件，只要直接框选画面的节点即可。直接选择工具在调节路径曲线的过程中起着举足轻重的作用，因为对路径曲线来说最重要的锚点和曲率都要用直接选择工具来调节。

【路径调板】绘制好的路径曲线都在路径调板中，在路径调板中可以看到每条路径曲线的名称及其缩略图，当前所在路径在路径调板中为反白显示状态。在路径调板的弹出式菜单中包含了诸如"存储路径""复制路径"等命令，为了方便，我们可以使用调板下方的按钮来完成相应的操作（如图 2-27 所示）。

调板下方的按钮分别为：

　　：用前景色填充路径。

　　：用画笔描边路径。

　　：将路径作为选区载入。

　　：从选区生成工作路径。

　　：添加图层蒙版。

　　：创建新的路径。

　　：删除当前路径。

钢笔工具在 Photoshop 中的应用非常广泛，小到基本几何形状的绘制，大到复杂曲线的绘制，钢笔工具都可以完成，具体的实例讲解，我们会在后面的综合典型实例中看到。

6. 蒙版工具

（1）蒙版工具的介绍

Photoshop 中的蒙版可以用来创建选区，但它是一种特殊的选区，使用蒙版的目的不是对选区进行操作，相反，是要保护选

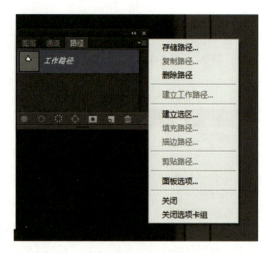

图2-27 路径调板工具

区不被操作。一般常见的蒙版种类有：快速蒙版、图层蒙版、矢量蒙版、剪切蒙版。

快速蒙版 　 ：快速蒙版模式可以将任何选区作为蒙版进行编辑，而无须使用通道调板，在查看图像时也可如此。将选区作为蒙版来编辑的优点是几乎可以使用任何 Photoshop 工具或滤镜修改蒙版。

图层蒙版 　 ：图层蒙版的位置处于图层调板的下方。图层蒙版也是一种特殊的选区，主要功能是对所选区域进行保护。我们可以理解为在当前图层上面覆盖一层玻璃片，这种玻璃片有透明的、半透明的、完全不透明的。然后用各种绘图工具在蒙版上涂色（只能涂黑、白、灰色），涂黑色的地方蒙版变为透明的，看不见当前图层的图像。涂白色则使涂色部分变为不透明，可看到当前图层上的图像。涂灰色使蒙版变为半透明，透明的程度由涂色的灰度深浅决定。

矢量蒙版：矢量蒙版也叫路径蒙版，是由钢笔或形状工具创建在图层面板中，并且可以任意放大或缩小的蒙版。矢量蒙版可以保证原图不受损，可以随时用钢笔工具修改形状，并且形状不会因为放大或缩小而失真。

剪切蒙版：在图层调板中，具备两个或多个连续图层，就可建立剪切蒙版。剪切蒙版是一个可以用其形状遮盖其他图稿的对象，因此使用剪切蒙版，看到的只能是蒙版形状内的区域。从效果上来讲，就是将图稿裁剪为蒙版的形状。

【文字蒙版工具】有时我们把文字蒙版工具作为制作文字选区的便捷方式来使用，结合图层、通道，可以制作出很多不错的效果，在后面通道的介绍中，我们加入了文字蒙版工具的使用。

（2）蒙版工具的使用

例一：【快速蒙版】

第一步：快速蒙版的快捷键是 Q 键，点击"快速蒙版"按钮，进入快速蒙版模式进行编辑。我们对下面这张图进行磨皮（如图 2-28 所示）。

第二步：选择画笔工具，前景色设为黑色，涂抹所要磨皮的部分，涂抹错误的使用白色画笔进行修改，效果如图 2-29 所示。

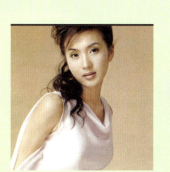

图2-28 快速蒙版的编辑图片

图2-29 快速蒙版的效果展示1

第三步：再次按下以快速蒙版模式编辑的按钮，我们退出蒙版编辑，或者再次按下键盘上的快捷键 Q 键。对建立的选区，进行反选。效果如图 2-30 所示。

第四步：按下键盘上的快捷键 Ctrl+J 复制一下，看一下我们选择的效果（如图 2-31 所示）。

图2-30 快速蒙版的效果展示2

图2-31 快速蒙版建立的选区

例二：【图层蒙版】

第一步：打开两张图像，一张风景、另一张例一中的美女，我们让风景在下，美女图片在上，并且在图层调板的下方，按下图层蒙版按钮 ▣ ，给美女图层添加一个图层蒙版。效果如图 2-32 所示。

第二步：选择画笔工具，画笔笔尖硬度为 0，设定前景色为黑色，在图层蒙版缩略图上进行涂抹，在这里我们把美女融到背景中，效果如图 2-33 所示。在海报、广告宣传单中，常用这种方法来合成图像。

另外，作图的时候，我们还用到图层里的调节图层。图层的调节图层，都链接有一个蒙版，通过对蒙版的操作，可以让调整的效果按照我们的意愿来进行展示。

在图层调板的下方按钮中，按钮 ◐ 是用来为图层添加调节图层的，主要包含的内容如图 2-34 所示。

现在，我们来熟悉一下图层的调节层。

例如，可以把美女的脸部调亮，而其他区域变暗。在这里可以建立曲线调节层，并用黑色的画笔将美女的脸在蒙版上擦出来，涂抹错误的地方可以使用白色来进行修正（如图 2-35、图 2-36 所示）。

图2-32 为图层添加图层蒙版

图2-34 调节层选项

图2-33 图层蒙版合成效果展示

图2-35 未经过调整的原图

图2-36 使用曲线调节层的效果展示

例如，还可以建立其他局部调整，像局部去色。这个比较简单，只需打开一张图像，将图像复制一层，将复制的图层去色（使用"图像"→"调整"→"去色"，或者使用快捷键 Shift+Ctrl+U），并添加图层蒙版，使用画笔工具，涂出花朵的颜色就可以了（如图 2-37、图 2-38 所示）。

【矢量蒙版】矢量蒙版的例子在这里不赘述了，在后面的综合实例中将会讲述。

例三：【剪切蒙版】

第一步：在 Photoshop 里打开一张图像，将背景复制一层，并使用文本工具输入文字"秋天的树"（如图 2-39 所示）。

第二步：调整图层顺序，将文字图层放在背景副本图层下。这时按下 Alt 键，并将鼠标移动至文本层与背景副本层之间，点击，即可创建剪切蒙版。使用移动工具，移动背景副本层或文字图层，就会产生不同的效果（如图 2-40 所示）。

也就是说，剪切蒙版是一个可以用其形状遮盖其他图稿的对象，因此，我们只能看到蒙版形状内的区域，从效果上讲，就是将图稿裁剪为蒙版的形状。

图2-37 未经过调整的原图

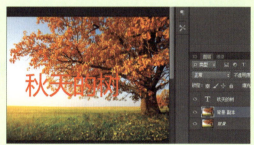

图2-39 剪切蒙版应用

图2-38 去色效果展示

图2-40 剪切蒙版效果展示

2.1.2 工具应用

这么多的选区工具，下面我们来总结下，到底什么时候该用什么样的工具来建立合适的选区。

根据形状建立选区：

1. 规则形状：矩形、椭圆、单列、单行选区。

2. 不规则选区：自由套索工具、多边形套索工具、钢笔工具和自由钢笔工具。

根据颜色建立选区：

1. 魔棒工具、快速选择工具。

2. 魔术橡皮擦工具。

3. 色彩范围：提供更多的色彩选区控制。

根据形状和颜色建立选区：

1. 钢笔工具。

2. 磁性套索工具。

3. 滤镜插件里的抽出命令。

4. 背景橡皮擦工具：用于分离图像，但能对指定颜色保护。

建立复杂选区：

1. 钢笔的路径工具。

2. 蒙版工具。

2.2 选区编辑

选区的编辑和基本操作命令都集中在"选择"菜单命令下（如图 2-41 所示）。

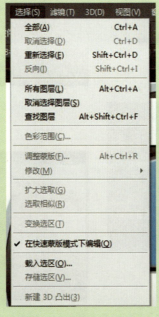

图2-41 "选择"菜单命令

2.2.1 应用简介

一、选区的简单操作

全选 Ctrl+A

取消选择 Ctrl+D

重新选择 Ctrl+Shift+D

反选 Ctrl+Shift+I

羽化 Ctrl+Alt+D

注意：若羽化的范围超出了选区的范围，软件会提示"未选择任何像素"；若羽化后只选择了选区中低于 50% 的像素，软件会提示"任何像素都不大于 50% 选择，选区边将不会显示"。

二、选区的修改

选区的修改命令集中在选择菜单命令下的修改复选项中，打开"选择"→"修改"→"边界""平滑""扩展""收缩"（如图 2-42 所示）。

图2-42 选择菜单下的选区修改命令

边界：设置选区边缘的宽度，使其成为轮廓区域。

平滑：对边缘进行平滑处理，半径越大，边缘越平滑。

扩展：按指定像素扩展选区。

收缩：按指定像素缩小选区。

三、扩大选取和选取相似

扩大选取：主要功能是选择相邻的区域中与原选区中相似的内容。相似程度由魔棒的容差来决定。

选取相似：主要功能是按颜色的近似程度（容差决定）扩大选区，这些扩展的选区不一定与原选区相邻。

注意：位图模式的图像不能使用"扩大选取"和"选取相似"命令。

四、变换选区与自由变换

变换选区：主要针对选区进行操作，变换的是选框，不包含选框里的内容图像，使用"选择"→"变换选区"。

自由变换：对选定的图像区域进行变换，使用"编辑"→"自由变换"。

快捷键是 Ctrl+T 键。

变换选区和自由变换的操作相似，主要有以下几个方面。

缩放：放大和缩小选区，同时按 Shift 键，则以固定长宽比缩放。

旋转：可自由旋转选区，同时按 Shift 键，则为 15 度递增或递减进行旋转。

斜切：在四角的手柄上拖动，将这个角点沿水平和垂直方向移动。将光标移到四边的中间手柄上，可将这个选区倾斜。

扭曲：可任意拉伸四个角点进行自由变形，但框线的区域不得为凹入形状。

透视：拖动角点时框线会形成对称梯形（按住 Ctrl+Shift+Alt 键可达到同样效果）。

操作提示：

Shift+ 缩放约束长宽比例

Alt+ 缩放选区自中心变换

Ctrl+Shift+ 拖动角点斜切

Ctrl+ 拖动角点扭曲

Ctrl+Alt+ 拖动角点对称的扭曲

Ctrl+Shift+Alt+ 拖动角点透视

右击变换的选区水平翻转、垂直翻转

Ctrl+Shift+T 再次执行上次的变换

Ctrl+Shift+Alt+T 复制原图后再执行变换

五、移动工具

移动工具 ▶⊕，位于工具箱的顶端，快捷键是键盘上的字母 V。主要用于移动选区内容、辅助线或层的内容；也可以将内容置入其他文档中。

注意：不管当前使用什么工具，只要按 Ctrl 键就可切换到移动工具（在钢笔、抓手、缩放和切片工具下除外）。移动对象时，按 Alt 键可以复制对象，在其他工具下（钢笔、抓手、缩放和切片工具下除外），按 Ctrl+Alt 键也可复制对象。

六、选区的编辑操作

选区的编辑操作命令主要集中在"编辑"菜单命令下（如图 2-43 所示）。

1. 删除选区内容

使用"编辑"→"清除"（即按 Delete 键）。删除时，若在背景层上删除，会"透"出背景色；若在普通层上删除，会"透"出透明区域。

2. 剪切、拷贝、粘贴

使用菜单"编辑"→"剪切"（快捷键是 Ctrl+X）、"拷贝"（快捷键是 Ctrl+C）和"粘贴"（快捷键是 Ctrl+V）命令，也可移动和复制选区。

操作提醒：

"拷贝"命令将当前图层的选区内图像放在剪贴板中，该操作对原图没有影响。

"剪切"命令同样将选区图像放在剪切板，该区域会从原图中剪除，并以背景色（指背景层的图像）填充或变成透明区域（指普通层的图像）。

3. 选择性粘贴

"选择性粘贴"包含三个选项，分别是"原位粘贴"（快捷键是 Shift+Ctrl+V）、"贴入"（快捷键是 Alt+Shift+Ctrl+V）和"外部粘贴"（如图 2-44 所示）。

"原位粘贴"指的是在图层的原有位置再粘贴一次选区里的图像内容，并在图层面板出现新粘入的图层。

"贴入"命令可将内容粘贴到指定区域，将指定区域作为存储的"临时通道"，并将它作为蒙版，复制的内容在这个蒙版中显示。

"外部粘贴"命令与"贴入"命令相似，只不过蒙版的显示以反白处理。

注意：在"贴入"和"外部粘贴"命令下建立的蒙版与图层之间没有链接的关系。

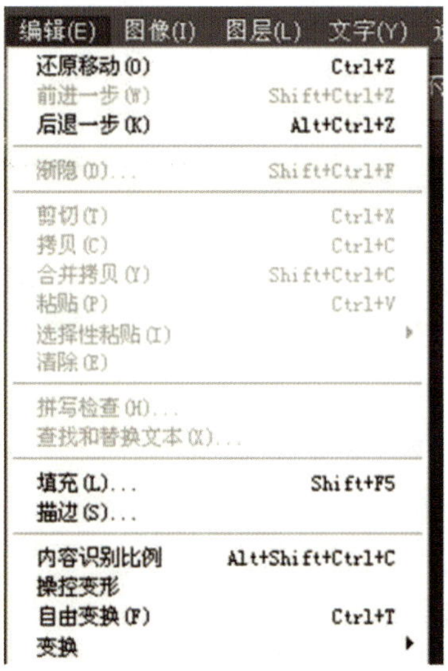

图2-43 "编辑"菜单命令

图2-44 选择性粘贴

2.2.2 操作步骤

在这一小节中，我们着重讲述使用选区制作案例。

案例一：规则选区的绘制与应用

1. 新建一个文档，设置如图 2-45 所示。

图2-45 新建文档设置

2. 使用快捷键 Ctrl+R 调出标尺，使用快捷键 Ctrl+'调出网格，并使用"椭圆选框工具"，同时按下快捷键 Shift+Alt，绘制一个以图中黑点为圆心的正圆选区（如图 2-46 所示）。

3. 选择"椭圆选框工具"，按快捷键 Alt+Shift，从大的正圆选区中减去一个小一点的正圆选区，释放 Alt 键，并再次按 Alt 键，以图中的黑点为圆心绘制同心的圆环。效果如图 2-47 所示。

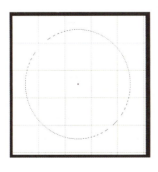

图2-46 绘制正圆选区

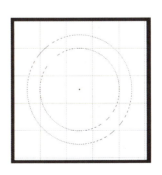

图2-47 绘制同心圆环

4. 现在制作出了圆环选区，接下来在圆环的中心再加入一个比圆环略小的正圆选区。选择"椭圆选框工具"，按快捷键 Shift+Alt，从圆环中加入一个略小的正圆选区，释放 Shift 键，并再次按 Shift 键，以图中的黑点为圆心来绘制同心圆。效果如图 2-48 所示。

5. 同步骤 3 一样，可以再绘制一个同心的正圆。效果如图 2-49 所示。

6. 如果有兴趣还可以再绘制一些正圆。把前景色设置为黑色，使用工具箱的油漆桶工具或快捷键 Alt+Delete 填充前景色。最终效果如图 2-50 所示。

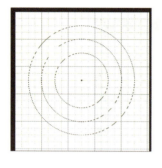

图2-48 同心圆绘制1

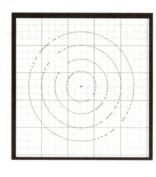

图2-49 同心圆绘制2

图2-50 为同心圆环填颜色3

案例二：不规则选区——五角星的绘制

1. 新建一个文档，设置如图 2-51 所示。使用多边形套索工具，绘制五角星选区，如图 2-52 所示。

2. 打开菜单"编辑"→"描边"，设置如图 2-53 所示。保持选区不变。

3. 打开菜单"选择"→"修改"→"收缩"，设置收缩数值 15 像素，效果如图 2-54 所示。

4. 设置前景色为黄色，使用快捷键 Alt+Delete 填充前景色。按下快捷键 Ctrl+D 取消选区。最终效果如图 2-55 所示。

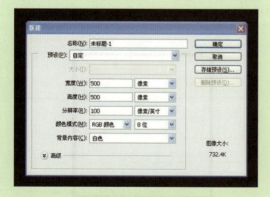

图2-51 新建文档

图2-52 绘制五角星选区

图2-53 为五角星描边

图2-54 使用"收缩"命令

图2-55 五角星效果展示

2.3 选区存储与载入

Photoshop 中选区的存储与载入命令主要用来记忆选区,功能等同于 Alpha 通道。打开菜单"选择"→"载入选区"或"存储选区"命令(如图 2-56 所示)。

图2-56 选区存储与载入

2.3.1 存储选区

存储选区:将现有选区存储为通道,以便下次使用。选择后,可以打开"存储选区"的对话框(如图 2-57 所示)。

在此对话框中,可设置文档的名称、通道的名称,以及将要执行的操作。

新建通道:执行此命令会建立一个新的 Alpha 通道,并在通道面板中显示有 Alpha 通道。

添加到通道:从选区生成的新通道将添加到已有通道中。

从通道中减去:执行此命令,可以使新建的通道与原有通道产生运算,将指定的两个通道相减。

与通道交叉:将指定的两个通道交叉计算,得到的是差值。

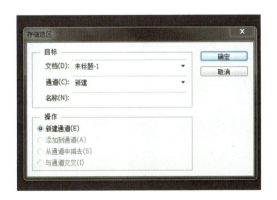

图2-57 "存储选区"对话框

2.3.2 载入选区

载入选区：将已存储的选区以不同的形式载入。选择后，可以打开"载入选区"对话框（如图 2-58 所示）。

在此对话框中，可设置文档的名称、将要载入通道的名称、是否需要将选区"反相"，以及将要执行的操作。

新建选区：执行此命令会将已存储的 Alpha 通道，作为选区进行载入。

添加到选区：此命令可以将指定的通道作为选区与已有选区进行加法运算。

从选区中减去：此命令可以将指定的通道作为选区与已有选区进行减法运算。

与选区交叉：将指定的通道作为选区与已有选区进行交叉运算，得到的是两个选区的差值。

图2-58 "载入选区"对话框

2.3.3 精选案例

在介绍案例之前，本小节有必要先介绍一下通道调板。通道调板如图 2-59 所示。

在 Photoshop 中，通道分为：颜色通道，可以存放图像的颜色信息；Alpha 通道，用来存放选区信息。当我们打开一张图像的时候，由于颜色模式的不同，因此图像会有自带的颜色通道。例如：灰度模式的图像有一个灰度通道，RGB 模式的图像有 R、G、B 三个颜色通道，Lab 模式的图像有一个明度通道和名为 a、b 的两个颜色通道，CMYK 模式有 C、M、Y、K 四个颜色通道。

在通道调板的弹出式菜单中，包含了通道的所有操作，如新建通道、复制通道、删除通道、新建专色通道等，为了操作的方便，我们一般使用调板下方的按钮来进行作图（如图 2-60 所示）。

按钮 ▣：将通道作为选区进行载入。

按钮 ▣：将选区存储为通道。

按钮 ▣：新建通道，新建的通道都以 Alpha 通道的形式出现。这个操作建立的是普通的黑色图像。在通道里，黑色代表着什么都没有，用户可以使用绘画工具和图像调整命令给通道添加内容。

按钮 ▣：删除通道。

图2-59 "通道"调板

图2-60 通道操作按钮

一、通道的基本操作

1. 选择通道

选择单个通道：单击通道调板的缩略图。

选择多个通道：按住 Shift 键单击通道调板的缩略图。

选择所有颜色通道：单击通道调板的复合通道缩略图。

2. 显示隐藏通道

单击该通道调板左侧的眼睛图标。

3. 用彩色显示通道

打开菜单"编辑"→"首选项"→"界面"→"用彩色显示通道"（如图 2-61 所示）。

4. 复制通道

在该通道缩略图上右击，选择"复制通道"，或者拖动该通道的缩略图到"新建通道"按钮上。

5. 删除通道

在该通道上右击选择"删除通道"，或者拖动该通道的缩略图到"删除通道"按钮上。

图2-61 彩色显示通道设置

二、颜色通道

分离通道：在通道调板的弹出式菜单中，单击此按钮通道面板会只有一个灰色通道，而图像将按照颜色模式的不同分解成几个灰度图像。

合并通道：在通道调板的弹出式菜单中，单击此按钮可以将分离的通道再次进行合并。

通道混合器：可以为某个源通道添加或更改颜色。打开菜单"图像"→"调整"→"通道混合器"，如图 2-62 所示。

三、专色通道

1. 创建专色通道

打开通道调板的弹出式菜单，选择"新建专色通道"，或者选择某个单色通道，再选择弹出式菜单下的"新建专色通道"。

2. 将 Alpha 通道转化为专色通道

双击 Alpha 通道的缩略图，会弹出"通道选项"对话框。在该对话框中可以指定色彩将要执行的操作（如图 2-63 所示）。

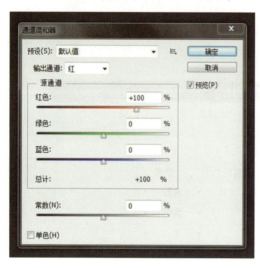

图2-62 通道混合器

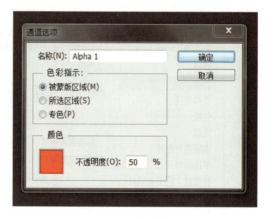

图2-63 通道选项

案例一：选区、通道与图像的应用

1. 打开两张图像，这里要求两张图像的分辨率和尺寸都相同（如图 2-64、图 2-65 所示）。

图2-64 原图1

图2-65 原图2

2. 这里要求我们打开的图像带 Alpha 通道。如果图像没有自带的 Alpha 通道，我们可以使用选框工具或是通道面板的新建通道按钮建立一个 Alpha 通道（如图 2-66、图 2-67 所示）。

图2-66 为原图1建立Alpha通道

图2-67 通道面板的Alpha通道展示

3. 使用"图像"→"应用图像"命令，打开"应用图像"对话框（如图 2-68 所示）。

源：可从中选出一幅源图像与当前被编辑的图像的通道进行合成，下拉列表中列出了此时所打开了的，并且分辨率和尺寸与当前被编辑图像都相同的全部图像文件名称。

图层：可从源图像中选择一个层出来进行合成。

通道：可从源图像中选择一个通道与图像的当前作用图层进行合并。

目标：是当前被编辑的图像，不一定是源图像。

混合：用于定义图层和通道混合的方式。

不透明度：用于设置合成中通道的不透明度。

保留透明区域：让参与合成的图层中的透明区域保持不变。

蒙版：若是勾选，则用户可再选择一个层或通道作为蒙版来参与混合图像。

反相：可将该通道反相以后再输出。

图2-68 "应用图像"对话框

4. 在制作的过程中，我们可以变换源文件、图层选项、合成通道以及混合模式，来制作不同的效果（如图 2-69、图 2-70 所示）。

图2-69 不同的效果展示（一）

图2-70 不同的效果展示（二）

案例二：存储选区、载入选区与通道的应用

1. 新建一个文档，使用快捷键 Shift+F5 填充某一图案或是纯色（如图 2-71、图 2-72 所示）。

2. 用横排文字蒙版工具，输入文字 Photoshop，建立文字选区（如图 2-73 所示）。

3. 使用菜单"选择"→"存储选区"命令，建立新的通道，输入通道名称 1。效果如图 2-74 所示。

图2-71 新建文档

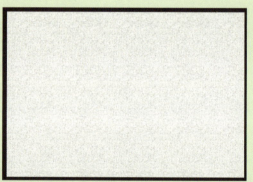

图2-72 填充颜色

图2-73 建立文字选区

图2-74 存储选区以建立新的通道

4. 进入通道面板，显示通道 Alpha 1，并"选择"工具，将选区移动错位几个像素，效果如图 2-75 所示。

5. 将移动后的选区存储为新的通道，命名为 2（步骤同第 3 步）。效果如图 2-76 所示。

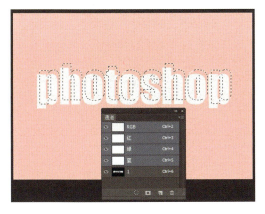
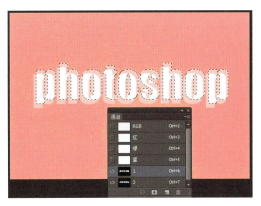

图2-75 移动Alpha 1   图2-76 存储新的通道2

6. 存储好的通道，我们可以使用菜单"选择"→"载入选区"命令，重新将选区提取出来；也可以使用通道面板，按下 Ctrl+ 通道缩略图单击来提取选区。

7. 建立好的两个通道可以使用菜单"图像"→"计算"命令，来使两个通道进行合成计算。在对话框中的"结果"选项下，选择"新建通道"（如图 2-77、图 2-78 所示）。

图2-77 "计算"命令对话框

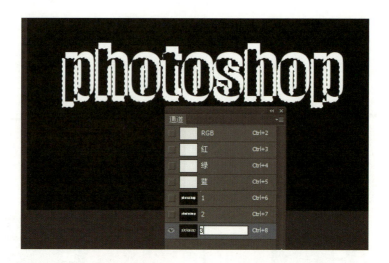

图2-78 由通道1和通道2合成的新通道3

源 1、源 2：分别用于指定参与合成的两个通道。

混合、蒙版：用法与应用图像相同。

结果：在此下拉菜单中有三个复选项，用于设定合成结果的处理。

新建通道：将结果在当前编辑图像中存储一个新的通道。

新建文档：将当前计算结果保存成一个新的图像文件。

选区：将合成结果直接转化成一个选区。

8. 将通道 3 转化成选区，再回到 RGB 主通道中，并点击图层面板，确保背景层是当前图层。执行"图像"→"调整"→"色相 / 饱和度"，进行色相调整，设置结果及最终结果如图 2-79、图 2-80 所示。

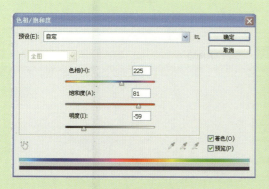

图2-79 色相/饱和度设定

图2-80 最终效果展示

小 结

　　本章着重讲述了 Photoshop CS6 中的选区工具，从而可以学会根据不同的情况挑选不同的选择工具，进行不同形状选区的选取，并配合使用工具选项条，"选择"菜单命令快速、准确地进行范围选区。最后结合实例来讲述各个选取工具的应用。选取范围是进行图像编辑操作的第一步，对 Photoshop CS6 的使用者来说，能熟练并灵活地应用这些工具和命令非常重要。

实训练习

1. 用什么方法可以选取整个图像的相似颜色区域？
2. 哪些工具主要用来选取不规则的区域？
3. 试着用学过的选区工具制作奥运五环的效果。
4. 如何使用通道制作选区？
5. 几种蒙版的使用和训练。试着用蒙版工具抠取一张人物的图像，要求边缘没有白边。
6. 如何建立文字选区？

APTER 3

第三章
图像编辑

■ **课前目标**

　　本章主要介绍编辑面板的工具用法和属性选项，以及文字工具、通道与蒙版。通过实例操作应用，介绍图像编辑、修饰的方法和技巧，掌握应用工具在平面广告、照片处理等中的实际操作。

3.1 图像文件的基本操作

裁剪工具是主要用来裁剪图片的，比如拍摄照片有些不足，就可以用这个工具进行构图上的修正，同时这个工具也可以校正某些角度偏斜的图片。如果在属性栏设置好固定数值，我们就可以裁剪出同等比例的图片。

默认快捷键为 C 键。

我们看一下裁剪工具的属性面板，第一个为裁剪比例，一般不做修改（如图 3-1 所示）。

属性面板依次有旋转、拉直、视图、模式设置（如图 3-2 所示）。下面我们就案例比萨斜塔的旋转和拉直分别进行操作。

图3-1 裁剪工具的属性面板

图3-2 属性面板菜单栏

现在把比萨斜塔给修正，我们可以使用旋转工具，鼠标放置在图像外围，鼠标变为旋转箭头时按住鼠标左键进行旋转，呈现如图 3-3、图 3-4 所示效果。

图3-3 原始素材 比萨斜塔

图3-4 裁剪工具旋转照片示意图

双击网格区域或者回车键得到如图 3-5 所示效果。

提示：在旋转时要选好参考的物体，否则裁剪完后得到的图像可能不令人满意。

拉直工具修复：选择拉直工具后，鼠标左键从上至下画一条轴线（如图 3-6 所示）。

拉直后效果如图 3-7 所示。

图3-5 双击后效果

图3-6 拉直工具绘制拉直线

图3-7 拉直后效果

透视裁剪工具 ：按 Shift+C 组合键，可以改变视图的透视视角，按住鼠标左键拖曳至全图，得到如图 3-8 所示效果， 显示网格 取消选中可隐藏网格。

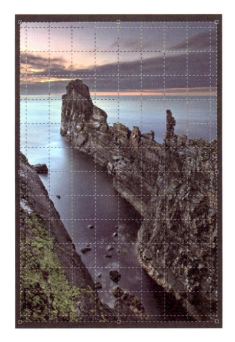

图3-8 裁剪工具透视网格

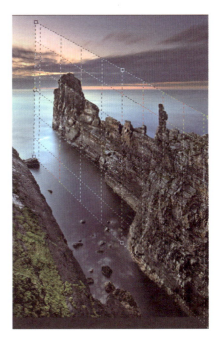

图3-9 调节角点后效果

对角点进行调节得到如图 3-9、图 3-10
所示效果。

还可以采用另外一种方法，即依次单击
鼠标左键进行路径裁剪（如图 3-11 所示）。

图3-10 双击或者回车后效果

图3-11 单击鼠标左键裁剪

小提示：此处可以手动输入长宽和分辨率，裁剪出的图像即为设定数值（如图 3-12 所示）。

图3-12 自定义裁剪示意图

选择前面的图像，属性面板会自动吸取上一张图像的数值（如图 3-13 所示）。

图3-13 自动吸取上一张图像的数值

切片工具 ✂：切片工具是用来分解图
片的，用这个工具可以把图片切成若干小图
片。这个工具在网页设计中运用比较广泛，
可以把做好的页面效果图，按照自己的需求
切成小块，并可直接输出网页格式，非常
实用。

单击拖曳形成切片框，会自动命名为
01，根据素材我们进行多次操作得到如图
3-14 所示效果。

我们把网页静态切割为 20 个切片，点
击"文件"→"存储为 Web 所用格式"（如
图 3-15 所示）。

小提示：在切片切割时可以局部放大切
割，会更加精确。存储为 Web 所用格式一
般选用 GIF 格式，可以选择某一切片进行单
独存储（如图 3-16 所示）。

存储格式为 .html，名称要用英文或者
数字。存储完成后得到如图 3-17 所示文件。

文件夹中包含刚才所有的切片文
件，.html 文件可以用浏览器直接查看网页
效果。

图3-14 切片工具得到的静态网页

图3-15 存储为Web所用格式

图3-16 存储输出设置

images   wangzhan.html

图3-17 存储后得到的文件

3.2 图像的编辑调整

图像编辑功能是所有图形图像处理软件中最重要的功能之一。Photoshop CS6 的工具箱提供强大的图像处理工具，"编辑"菜单提供了大量的对图层或选区进行编辑的命令。熟练地使用这些工具和命令，可以调整图像大小、位置，并能对图像中不满意的地方进行修改和修复，使图像达到理想的效果。本章将系统介绍图像编辑的基本概念和主要命令及工具。

"编辑"菜单中提供了大量的图像编辑命令，使用这些命令，可以完成大部分图像编辑工作（如图 3-18 所示）。

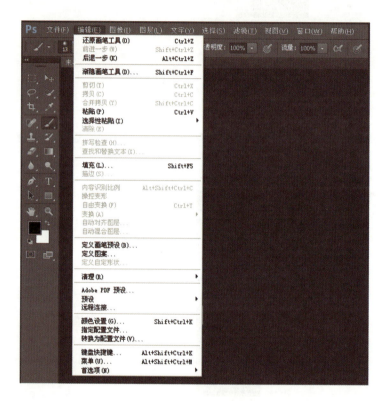

图3-18 "编辑"菜单展开

1. 还原与重做

"还原 / 重做"是 Photoshop 的最基本的编辑命令，在操作过程中如果产生错误，可以使用这两个命令来进行撤销和重复。"还原"命令用来撤销最后一次修改，恢复为上次操作之前的状态（快捷键 Ctrl+Z）；"重做"命令用来重做被撤销的上一次操作，相当于取消"还原"命令（即为再次按下 Ctrl+Z）。

2. 前进与返回

在 Photoshop 中，"前进 / 返回"命令的功能类似于"还原 / 重做"命令，但"前进 / 返回"命令是可以在多步之间连续切换，前进快捷键为 Ctrl+Alt+Z，返回快捷键为 Shift+Ctrl+Z。

提示：前进快捷键 Ctrl+Alt+Z 与 QQ 聊天工具消息窗口快捷键冲突，使用此命令需要修改其中一个软件的快捷键。

3. 历史记录面板

使用"历史记录"面板可以恢复到图像前面的某个更改、删除图像的状态，还可以根据一个状态或快照创建文档。

（1）显示历史记录面板

执行"窗口"→"历史记录"命令（如图 3-19 所示）。

（2）恢复到图像的某一个更改

可执行下列任一操作：

A. 直接单击列于"历史记录"面板中的状态名称。

B. 拖曳"历史记录"面板中状态名之前的滑块至指定状态名之前。

C. 重复执行"编辑"→"前进 / 返回"命令，以恢复到指定状态。

（3）删除图像的一个或多个更改

A. 单击"历史记录"按钮，弹出"历史记录"面板菜单，选择"删除"子命令，将删除当前选中的更改及其后所有的状态。

B. 将指定状态拖曳到"删除"按钮，以删除此状态及随后的状态。

C. 从"历史记录"面板菜单中（单击历史记录面板右侧按钮）选取"清除历史记录"命令，将从历史记录面板中删除状态列表但不更改图像。

D. 执行"编辑"→"清理"→"历史记录"命令将所有打开文档的状态列表从历史记录面板中清除。该操作无法还原。

4. 图像的剪切、复制和粘贴

执行"编辑"中的"剪切"或"复制"菜单命令，可以将当前图层上的选区剪下来或者复制下来。"剪切"的区域在原图中不再存在，而"复制"原图还保持不变，只是将选区的内容多复制一份。

剪切快捷键为 Ctrl+X，复制快捷键Ctrl+C，粘贴快捷键为 Ctrl+V。

5. 合并复制

在没有合并图层的情况下，想要将多个图层里的图像同时进行复制，就可使用这个命令了，快捷键为 Shift+Ctrl+C。

6. 图层图像与选区图像的变化

执行"编辑"→"自由变化"菜单命令或是使用快捷键 Ctrl+T，可以对选区或除背景图层以外的所有图层进行自由变形，右击可以出现如图 3-20 所示效果。或者点击"编辑"→"变换"，即可实现缩放、旋转、斜切、扭曲和透视变化。

图3-19 历史记录面板

图3-20 右击效果

7. 画布大小调整

执行"图像"→"画布大小"菜单命令可以修改当前图像的画布大小，也可以通过减小画布尺寸来裁剪图像，增加画布大小则可显示出与背景色相同的颜色和透明度。

提示：图像大小是指所看到图像的大小，而画布大小则是一个可以容纳你所看到的图像的一个容积面。

8. 旋转画布

执行"图像"→"旋转画布"菜单的子菜单中的各个命令，可以对图像进行旋转或翻转。但这些命令不能运用于单个图层、部分图层和选区边框的操作。

9. 视图大小调整

在对图像进行编辑时，经常需要改变图像显示比例，以便查看和修改细节，Photoshop 提供了相关的工具和命令。

选择工具箱中的缩放工具 将鼠标移动到要放大图像的地方或按住鼠标拖曳都可将图像成比例放大或缩小。最大的倍数可以达到原图像的 1600%。按住 Alt 键可以切换放大缩小。

在视图中使用抓手工具 可将窗口中无法观察到的图像显示出来。

10. "视图"菜单（如图 3-21 所示）

11. "导航器"控制面板（如图 3-22 所示）

在"导航器"中可以对当前视图的比例进行调整，如果输入数值，就使视图按照输入数值进行缩放；单击"缩小"按钮将缩小视图，单击"放大"按钮将放大视图。

图3-21 视图菜单展开效果

图3-22 导航器缩略图

3.3 图像颜色的调整

一、图像色调调整

1. 查看图像的直方图（如图 3-23 所示）

直方图是用图形表示图像的每个亮度色阶处的像素数目，可以显示图像是否包含足够的细节进行较好的校正，也是提供图像色调范围的快速浏览图，或图像的基本色调类型。暗色调图像的细节都集中在暗调处（在直方图左边部分显示），亮色调图像的细节集中在高光处（在直方图右边部分显示），中间色调则在直方图的中间部分显示。

2. 色阶的调整 (Ctrl+L)

色阶：当图像偏亮或偏暗时，可使用此命令调整其中较亮和较暗的部分，对于暗色调图像，可将高光设置为一个较低的值，以避免太大的对比度。其中的输入色阶可以用来增加图像的对比度：在色阶面板中输入对话框中左边的黑色小箭头向右拖动是增大图像中的暗调的对比度，使图像变暗；右边的箭头向左拖动是增大图像中的高光的对比度，使图像变亮；中间的箭头是调整中间色调的对比度，调整它的值可改变图像中间色调的亮度值，但不会对暗部和亮部有太大影响。输出色阶可降低图像的对比度，其中的黑色三角用来降低图像中暗部的对比度，白色三角用来降低图像中亮部的对比度（如图3-24 所示）。

3. 自动色阶的调整（Ctrl+Shift+L ）

自动色阶和色阶以及曲线对话框中的自动按钮可自动进行等量的"色阶"滑块调整，它们将每个通道中的最亮和最暗像素定义为白色和黑色，然后按比例重新分配中间像素值。在默认情况下，"自动色阶"功能会减少白色和黑色像素 0.5%，即在标识图像中的最亮和最暗像素时会忽略两个极端像素值的 0.5%，这种颜色值剪切可保证白色和黑色值是基于代表性像素值，而不是极端像素值。通俗地说，就是它会自动调整图像的亮度，使白色减少一部分，黑色减少一部分，使图像的亮度重新分配。

4. 曲线调整（Ctrl+M）（如图 3-25 所示）

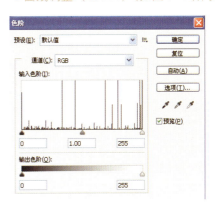

图3-24 色阶"面板"

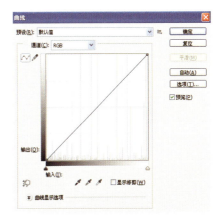

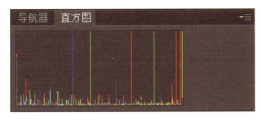

图3-23 直方图

图3-25 "曲线调整"面板

曲线命令可以综合调整图像的亮度、对比度和色彩等。该菜单实际上是反相、色调分离、亮度/对比度等多个菜单的综合。与"色阶"命令一样，"曲线"命令允许调整图像的色调范围，但它不是只使用三个变量（高光、暗调和中间调）来进行调整，用户可以调整 0~255 范围内（灰阶曲线）的任意点，同时又可保持 15 个其他值不变，因为曲线上最多只能有 16 个调节点。

通过调整曲线的形状，即可调整图像的亮度、对比度、色彩等，其中横向坐标代表了原图像的色调（相当于色阶中的输入色阶），纵向坐标代表了图像调整后的色调（相当于色阶中的输出色阶），对角线用来显示当前的输入和输出数值之间的关系，在没有进行调整时，所有的像素都有相同的输入和输出数值。

系统内设定的状态是根据 RGB 色彩模式来定义的：曲线最左面代表图像的暗部，像素值为 0（黑色）；最右面代表图像的亮部，像素值为 255（白）；图中的每个方块大约代表 64 个像素值。

如果图像是 CMYK 模式，则曲线最左边代表亮部，数值为 0；最右边代表暗部，数值为 100%；在默认的曲线对话框中每个方格代表 25%，输入和输出的后面用百分比表示，如果要改变亮部和暗部的相互位置，用鼠标单击曲线下方的双三角就可以了。

色调的变化范围均在 0~255 之间，调整曲线时，首先单击曲线上的点，然后拖动即可改变曲线形状。当曲线形状向左上角弯曲时，图像色调变亮，反之，当曲线形状向右下角弯曲时，图像色调变暗。

在曲线上单击可增加一个点，拖动此点，将预览选中就可看到图像中的变化，对于较灰的图像最常见到的调整结果是"S"形的曲线，这种曲线可增加图像的对比度。另外，还可选择个别的颜色通道，将鼠标放在图像中要调色的位置，按住鼠标后移动就可以在曲线对话框中看到用圆圈表示鼠标所指区域在该对话框中的位置。如果所修改的位置是显示在曲线的中部，那么可用鼠标单击曲线的四分之一和四分之三处将其固定，修改时对亮部和暗部就不会有太大影响了。

曲线命令有和"色阶"一样的单通道调整，双通道调整，自动调整，选项，设置黑场、白场、灰场，其用法和"色阶"命令中的一样。

注：按住 Alt 键单击曲线直方图中的坐标线可增加或减少直方图中的坐标线。

二、调整色彩平衡

图像中每个色彩的调整都会影响图像中的整个颜色的色彩平衡，了解并如何处理发生在 RGB 和 CMYK 颜色模式之间的转换对设计者而言非常重要。例如：可以通过增加颜色的补色的数量来减少图像中某一颜色的量，反之亦然（如图 3-26 所示）。

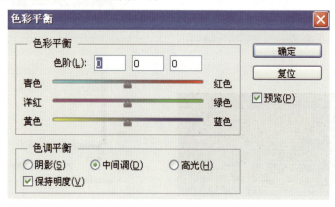

图3-26 "色彩平衡"面板

1. 色彩平衡 (Ctrl+B)

可让用户在彩色图像中改变颜色的混合，与亮度对比度一样，这个工具提供一般化的色彩校正，要想精确控制单个颜色成分，应使用"色阶""曲线"或专门的色彩校正工具（如色相/饱和度、替换颜色、通道混合器或可选颜色）。

在调整栏上，左边的颜色和右边的颜色为互补色，拉动滑杆上的标尺可以把图像的颜色调整为想要的颜色，下方的三个选项为暗调、中间调、高光，分别是以图像的暗区、中性区、亮区为调整对象，选择其中任一选项，都会把图像中相应的区域的颜色调整。

2. 色相/饱和度 (Ctrl+U)（如图 3-27 所示）

可以调整图像中单个颜色成分的色相、饱和度、亮度。它的三个调整标尺分别为调整色相、饱和度、亮度。调整色相，就是调整颜色的变化，也就是调整赤橙黄绿青蓝紫的变化。在调整时，是以调整框中的数值加上图像中的数值得到最终色，当数值为最大或最小时，颜色将是原来颜色的补色。调整饱和度，就是调整颜色的鲜艳度，通俗地说就是颜色在图像中所占的数量的多少，值越大，颜色就越鲜艳，反之图像就趋向于灰度化。亮度的调整就是调整图像的明暗度，值越大，图像就越亮，当值为最大时，图像将是白色，反之就是黑色。

其中的"着色"选项是将图像原有色相全部去除，再重新调整以上的三个值来上色。

注：当白色或黑色在"着色"时无法调整颜色，可将亮度的数值做些调整，白色就将亮度值调为负值，黑色就将亮度值调为正值，即可达到调色效果。

在"编辑"菜单的下拉列表框中，有全图、红色（表示选择红色像素）、黄色（同上）、绿色、青色、蓝色、洋红几个选项，分别是调整整个图像、调整图像中的单色。当选择了单色调整时，在下方有三个吸管和两个颜色条可用，三个吸管的作用是：第一个吸管在图像中单击吸取一定的颜色范围；第二个吸管单击图像可在原有颜色范围上增加一个颜色范围；第三个吸管是在原有的颜色范围上减去一个颜色范围。

3. 替换颜色（如图 3-28 所示）

在其预览图的下方有两个选项，即"选区"和"图像"。当选中"选区"时，在想要替换颜色的区域单击，选中的部分为白色，其余为黑色，上方的容差值可调整选中区域的大小，值越大，选择区域越大。当选中"图像"，预览框中将显示整个图像的缩略图。右边的三个吸管和"色相/饱和度"的三个吸管的作用是一样的，用法也是一样，当按住 Shift 键或 Alt 键时是增加或减少颜色取样点。下方的调整框和"色相/饱和度"的三个调整框是一样的，作用也是一样的。

图3-27 "色相"/"饱和度"面板　　图3-28 "替换颜色"面板

4. 可选颜色（如图 3-29 所示）

此命令可对 RGB 和 CMYK 等模式的图像进行分通道调整，在它的对话框的"颜色"选项中，选择要修改的颜色，然后拖动下方的三角标尺来改变颜色的组成。在其"方法"后面有两个选项：相对、绝对。"相对"用于调整现有的 CMYK 值，假如图像中现在有 50% 的黄，如果增加 10%，那么实际增加的黄色是 5%，也就是增加后为 55%的黄色，用现有的颜色量 × 增加的百分比，得到实际增加的颜色量；"绝对"用于调整颜色的绝对值，假设图中现有 50% 的黄色，如果增加了 10%，那么实际增加的黄色就是 10%，也就是增加为 60% 的黄色。

5. 通道混合器（如图 3-30 所示）

此命令是对图像的每个通道进行分别调色，在对话框的输出通道的下拉菜单中自动选择要调整的通道，对每个通道进行调整，并在预览图中看到最终效果。其中的"常数"选项，是增加该通道的补色。若勾选"单色"的选项，就是把图像转为灰度的图像，然后再进行调整，这种方法用于处理黑白的艺术照片，可以得到高亮度的黑白效果，比直接去色得到的黑白效果要好得多。

6. 渐变映射（如图 3-31 所示）

此命令用来将相等的图像灰度范围映射到指定的渐变填充色上，如果指定双色渐变填充，图像中的暗调映射到渐变填充的一个端点颜色，高光映射到另一个端点颜色，中间调映射到两个端点间的层次，也就是它会自动将渐变色中的高光色映射到图像的高光部分，将渐变色中的暗调部分映射到图像的暗调部分。

单击此对话框中渐变图标后面的黑色三角，可以改变渐变的颜色，和渐变工具中的用法是一样的。下方的两个选项"仿色"可以使色彩过渡更平滑，"反向"可使现有的渐变色逆转方向。设定完成后，渐变会依照图像的灰阶自动套用到图像上，形成渐变效果。

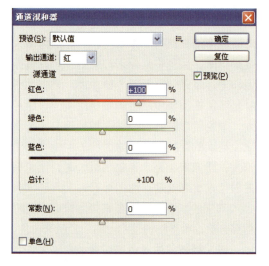

图3-30 "通道混合器"面板

图3-29 "可选颜色"面板

图3-31 "渐变映射"面板

三、特殊的色彩和色调调整命令

1. 反相

用于产生原图的负片，当使用此命令后，白色就变为黑色，就是原来的像素值由255变成了0，彩色的图像中的像素点也取其对应值（255 − 原像素值 = 新像素值），此命令常用于产生底片效果，在通道运算中经常使用。

2. 色调均化

此命令可以重新分配图像中的各像素值，当选择此命令后，Photoshop会寻找图像中最亮和最暗的像素值，及平均亮度值，使图像中最亮的像素代表白色，最暗的像素代表黑色，中间各像素值按灰度重新分配。（若此图像比较暗，那么此命令会使图像变得更暗，黑色的像素增多，反之就是变亮。）

3. 阈值（如图3-32所示）

此命令可将彩色或灰阶的图像变成高对比度的黑白图，在该对话框中可通过拖动三角来改变阈值，也可直接在阈值色阶后面输入数值阈值。当设定阈值时，所有像素值高于此阈值的像素点将变为白色，所有像素值低于此阈值的像素点将变为黑色，可以产生类似位图的效果。

4. 色调分离

此命令可定义色阶的多少，在灰阶图像中可用此命令来减少灰阶数量，此命令还会形成一些特殊的效果。在它的对话框中，可直接输入数值来定义色调分离的级数。它在灰阶图中通过改变色调分离的级数来改变灰阶图的灰阶的过渡，有效值在2~255之间，其中为2时，产生的效果就和位图模式的效果是一样的，它的黑白过渡的级数是2，也就是2的1次方，只有黑白过渡，因为颜色的范围是0~255，所以灰阶的过渡级数是不能超过255的，当为255时，也就是2的8次方，产生一幅8位通道的灰阶图，这和将图像转为灰度或去色后产生的颜色效果是一样的。

5. 去色

此命令使图像中所有颜色的饱和度成为0，也就是说，可将所有颜色转化为灰阶值，这个命令可在保持原来的彩色模式的情况下将图像转为灰阶图。例如，将RGB模式的图像去色后，仍然是RGB模式，但显示的是灰度图的颜色。

6. 变化

可以选择调节范围，勾选"现实修剪"。当调节范围是高光或阴影时如果某些部分已经是黑或白，这些地方会出现警告色。在它的对话框中，可选择图像的阴影、中间调、高光及饱和度分别进行调整，另外还可设定每次调整的程度，将三角拖向"精细"表示调整的程度较小，拖向"粗糙"表示调整的程度较大，在最左上角是原稿，紧挨着它的是调整后的图像。下面的代表增加某色后的情况，如要增加红色，用鼠标单击下面注有"加深红色"的图即可，要变暗，就单击较暗的图。若不满意，可以单击原稿，重新调整（如图3-33所示）。

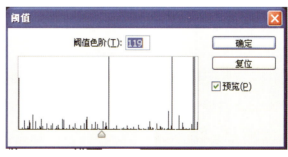

图3-32 "阈值"面板

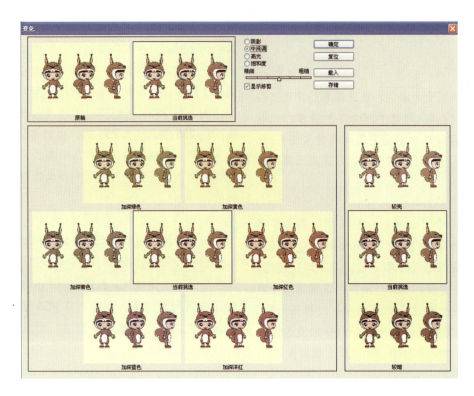

图3-33 "变化"面板

3.4 图像的修饰

Photoshop 提供了强大的图像修饰工具，利用这些工具可以将已有的图像润饰得更加精美，使图像达到理想的效果。

1. 橡皮工具组（如图 3-34 所示）

橡皮工具组的主要任务是完成对图像的擦除。

【橡皮擦工具】擦除图像时，会以设置的背景颜色填充图像中被擦除的部分。

【背景色橡皮擦工具】在拖曳时可以将背景层和普通层的图像都擦成透明色，而且当应用于背景层时，背景层会自动转换成普通图层。

【魔术橡皮擦工具】可以擦除该图层中所有相近的颜色或只擦除连续的像素颜色。

2. 图章工具组（如图 3-35 所示）

图3-34 橡皮工具组

图3-35 图章工具组

图章工具组是在利用复制工具进行图像修复时，经常使用到的工具之一，包括两个工具：仿制图章工具和图案图章工具。这个工具组犹如一台克隆机，将一幅图像或是图案复制到同一幅图像中或是其他图像中。

3. 修图工具组（如图 3-36 所示）

Photoshop CS6 修图工具主要包括修复画笔工具、修补工具和红眼工具等。利用这些工具，可以有效地清除图像上的杂质、刮痕和褶皱等瑕疵。

【修复画笔工具】借用图像周围的像素和光源来修复一幅图像。该工具能将这些像素的纹理、光照效果和阴影不留痕迹地融入图像的其余部分。

【修补工具】是修复画笔工具功能的一个扩展。可利用图像的局部或图案来修复所选图像区域。

【红眼工具】工具是 Photoshop CS6 新增的一个工具，专门用来修改颜色的工具，经常被用来完成消除相片中的红眼现象。

4. 修饰工具组（如图 3-37 所示）

【模糊工具】是一种通过画笔使图案变模糊的工具，是通过降低像素之间的反差来实现的。

【锐化工具】是一种使图像色彩锐化的工具，即增大像素间的反差。其属性栏与模糊工具的完全一样。

【涂抹工具】可产生类似于用画笔在未干的油墨上擦过的效果，其笔触周围的像素将随笔触一起移动。

5. 减淡工具组（如图 3-38 所示）

【减淡工具】主要作用是改变图像的曝光度。修改图像中局部曝光不足的区域，使用减淡工具后，可增加该图像局部区域的明亮度。

【加深工具】与减淡工具的效果刚好相反，是用来降低图像的曝光度的。

【海绵工具】用来调整图像的饱和度。使用此工具，可增加或减少局部图像的颜色浓度。

图3-36 修图工具组

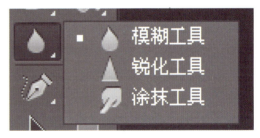

图3-37 修饰工具组

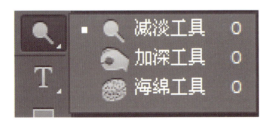

图3-38 减淡工具组

3.5 文字的图像化处理

文字工具组可以创建两种类型的文字，一种是矢量文字，另一种是选区文字，也叫蒙版文字，这两种类型的文字都有两种排列方式，即横排和竖排（如图 3-39 所示）。

文字工具组中各工具的属性从左至右依次是更改字体方向、字体类型、字体样式、字号大小、字体效果、对齐方式、字体颜色、创建变形文字、字符与段落面板（如图 3-40 所示）。

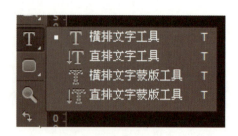

图3-39 文字工具组

图3-40 菜单栏文字工具组属性

1. 创建变形文字

变形文字的样式有很多，有扇形、下弧、上弧、拱形、凸起、贝壳、花冠、旗帜、波浪、鱼形、增加、鱼眼、膨胀、挤压、扭转。样式的方向有两种，即水平和垂直，可根据自己的需要调节弯曲、水平扭曲和垂直扭曲的数值（如图 3-41 所示）。

2. 文字编辑

在文字图层可以设置字体、大小、变形等基本操作。

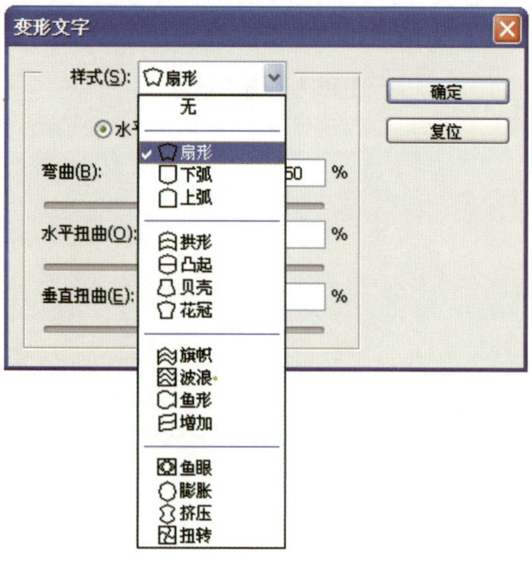

蒙版文字转换成路径可以进行编辑。

执行窗口菜单的"图层"→"栅格化文字"可以将其转换为位图。

3. 添加文字字库

在我们日常设计制作中，有好的艺术字体往往可以衬托制作整体效果，所以我们可以从字库网站上下载自己所需的字库安装到计算机的系统中，打开控制面板中的字体文件夹，把下载的 TTF 文字粘贴到此文件夹，字体就可以应用了（如图 3-42 所示）。

图3-41 "变形文字"面板

图3-42 字体库

3.6 图像调整案例

　　1. 打开素材图片，创建可选颜色调整图层，对黄色、绿色进行调整，参数设置如图 3-43、图 3-44 所示，通过此步骤可以把背景的部分绿色转换成橙黄色（如 3-45 所示）。

图3-43 "可选颜色"调整面板设置1　　　　　　图3-44 "可选颜色"调整面板设置2

图3-45 图片调整完效果

2. 再创建可选颜色调整图层，同样对黄色、绿色进行调整，参数设置如图 3-46、图 3-47 所示，把图片中的橙黄色转为橙红色。

图 3-46 "可选颜色"参数设置   图3-47 "可选颜色"调整参数设置

3. 再创建可选颜色调整图层，对红色、黄色、白色、中性色进行调整，参数设置如图 3-48 至图 3-51 所示，通过这步调整增加橙红色（如图 3-52 所示）。

图3-48 "可选颜色"参数设置1   图3-49 "可选颜色"参数设置2

图3-50 "可选颜色"参数设置3　　图3-51 "可选颜色"参数设置4　　图3-52 调整完效果

4. 再创建曲线调整图层，对 RGB 红色、蓝色通道进行调整，参数设置如图 3-53、图 3-54 所示，此步骤可以把暗部颜色提亮，增加蓝色。并复制曲线调整层，把不透明度改为 30。

5. 创建色彩平衡调整层，对阴影、高光进行调整，给图片高光部分增加淡蓝色（如图 3-55、图 3-56 所示）。

6. 再创建可选颜色调整层，对红色、黄色、白色进行调整，参数设置如图 3-57 至图 3-59 所示，通过此步骤可以把红色和黄色调淡一些。

7. 创建色相 / 饱和度调整层，对黄色进行调整，可以减少图片中的黄色（如图 3-60 所示）。

图3-53 "曲线"参数设置1　　　　　图3-54 "曲线"参数设置2

图3-55 "色彩平衡"参数设置1

图3-56 "色彩平衡"参数设置2

图3-57 "可选颜色"参数设置1

图3-58 "可选颜色"参数设置2

图3-59 "可选颜色"参数设置3

图3-60 "色相/饱和度"参数设置

8. 创建一个新图层，填充红褐色，R、G、B 分别为 153、122、129，添加图层蒙版并添加黑白渐变增加光感。最后执行盖印 Ctrl+Shift+Alt+E，最终效果如图 3-61、图 3-62 所示。

图3-61 最终效果

图3-62 原图和处理后对比

3.7 Photoshop CS6 图层面板解析

在使用 Photoshop 的时候必然会使用图层面板，相信很多初学者对图层面板不够重视，现在我们对图层面板做一个详细介绍。

1. 新建图层

我们可以在图层面板按钮栏找到"新建图层"按钮，或者用快捷键 Ctrl+Shift+N（如图 3-63 所示）。

2. 复制图层

如果需要制作同样效果的图层，可以右击选择"复制图层"选项，也可以把该图层拖曳至"新建图层"按钮，快捷键是 Ctrl+J（如图 3-64 所示）。

双击图层后缀可以更改名字（如图 3-65 所示）。

图3-63 图层面板按钮

图3-65 双击后效果

3. 颜色标识

选择图层类型为颜色，可以标记图层颜色，方便查找（如图 3-66、图 3-67 所示）。

4. 栅格化图层

如果我们建立的是文字图层、形状图层、矢量蒙版和填充层之类的图层，就不能在图层上使用绘画工具和滤镜等工具进行处理。如果需要在这些图层上继续操作就需要使用栅格化图层，可以把这些图层的内容转换为平面的光栅图像。

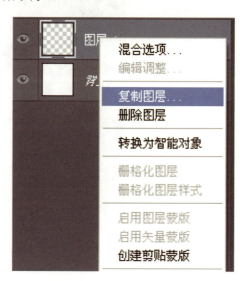

图3-64 复制图层

图3-66 更改类型为颜色

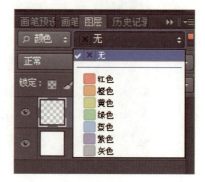

图3-67 更改颜色选项

现在我们通过实例进行效果处理时候必须选择栅格化图层，假如想对文字图层使用画笔等工具，会提示栅格化图层才能继续（如图 3-68 所示）。

栅格化图层可以选择"图层"→"栅格化"选择相对应选项进行，或者右击选择栅格化（如图 3-69 所示）。

5. 合并图层

在设计的时候很多图形元素分布在不同的图层上，假如这些图层已经确定不会修改，我们可以将其合并以便于图像管理，所有透明区域都会保持透明。

如果将全部图层合并，可以右击，选择"合并可见图层"和"拼合图像"选项，如果只合并几个图层可以选择"向下合并"选项，快捷键为 Ctrl+E（如图 3-70 所示）。

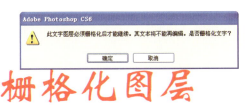

图3-68 栅格化文字提醒

图3-69 图层栅格化选项

图3-70 合并图层

6. 盖印图像

除了合并图层之外，还可以选择图层盖印，盖印可以将多个图层的内容合并为一个目标图层，而原图层不变，快捷键 Ctrl+Alt+E（如图 3-71 所示）。

7. 图层面板功能区

在图层面板上还有一些比较方便操作的快捷按钮，现在我们从上至下一一介绍。最上一栏有像素图层滤镜、调整图层滤镜、文字图层滤镜、形状图层滤镜、智能对象滤镜

和打开 / 关闭图层滤镜，图层滤镜可以很快捷地把图层的类别给区分开，便于分类进行修改（如图 3-72 所示）。

中间一栏为图层混合模式选项和图层不透明度选项（如图 3-73 所示）。

再下边一栏为锁定和填充选项，可以分别锁定透明像素、图形像素、位置、全部（如图 3-74 所示）。

图层面板最下边一栏有添加图层样式、图层蒙版、创建新的填充或调整图层等（如图 3-75 所示）。

图3-71 盖印图像

图3-73 图层面板中间一栏

图3-72 图层面板最上一栏

图3-74 图层面板下边一栏

图3-75 图层面板最下边一栏

3.8 制作时尚的 APP 水晶球图标样式

1. 新建一个画布，大小为 800 像素 × 500 像素，分辨率为 200 像素 / 英寸，并填充渐变颜色，R、G、B、分别为 0、0、0，R、G、B、分别为 87、87、87（如图 3-76、图 3-77 所示）。

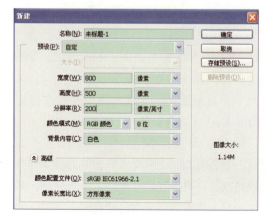

图3-76 新建文档参数设置

图3-77 确定后得到的效果

2. 用椭圆选框工具按住 **Shift** 键在画布中间画一正圆，并添加图层样式（如图 3-78 至图 3-81 所示）。

3. 新建一个图层，选取如图 3-82 所示选区。

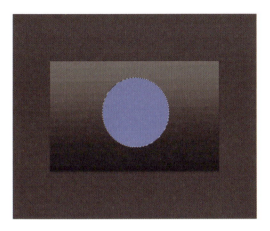

图3-78 画布上画一正圆形选区，填充蓝色

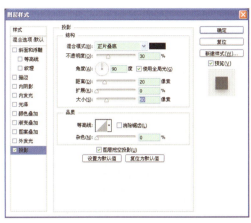

图3-79 添加图层样式

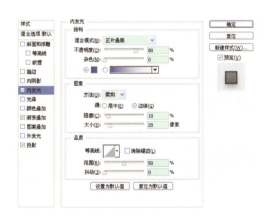

图3-80 图层样式参数设置1

图3-81 图层样式参数设置2

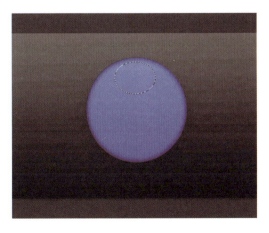

图3-82 椭圆选区位置示意

4. 用渐变工具选白色透明渐变填充，椭圆形底部虚边可用橡皮擦擦除（如图 3-83 所示）。

5. 选择黑色画笔，硬度为 0，新建一个图层，透明度改为 90，图层混合模式改为叠加（如图 3-84 所示）。

6. 新建一个图层并绘制两个矩形（如图 3-85 所示），执行"滤镜"→"扭曲"→"球面化"，并调整位置，并添加蒙版使用线性渐变得到如图 3-86 所示效果。

7. 使用钢笔工具，绘制如图 3-87 圆形右侧形状的选区，并填充白色，添加图层蒙版，使用线性渐变，得到渐隐效果（如图 3-87 所示）。

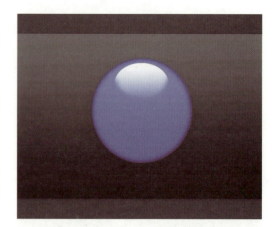

图3-83 填充擦除后效果

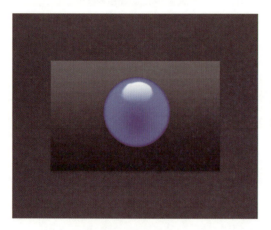

图3-84 叠加后效果

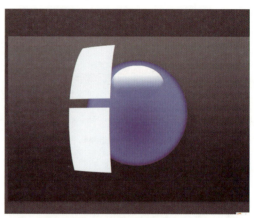

图3-85 绘制两个矩形

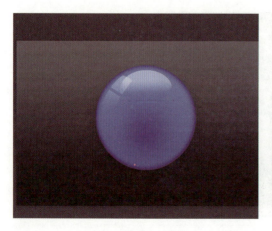

图3-86 执行完效果

图3-87 渐隐效果

8. 新建一个图层，在圆球上绘制图案，可以选择自定义形状工具，选择所需要的图案，并添加图层混合选项（如图 3-88 至图 3-90 所示）。

图3-89 图层样式设置1

图3-88 自定义形状展开图案

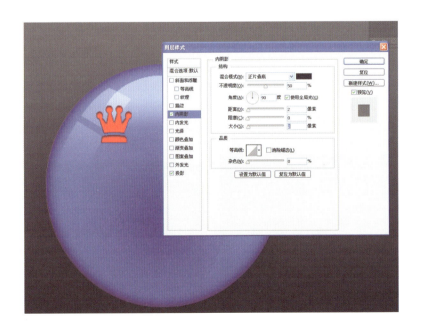

图3-90 图层样式设置2

9. 新建一个字体图层，输入想要体现的文字，选择合适的字体，并添加图层样式（如图 3-91 至图 3-93 所示）。

10. 双击背景图层解锁，填充 R、G、B、分别为 34、42、205（如图 3-94 所示）。

11. 在背景图层上新建一个图层，前景色为白色，背景色为黑色，使用"滤镜"→"渲染"→"云彩"，把图层混合模式改为"正片叠加"（如图 3-95 所示）。

图3-91 添加文字效果

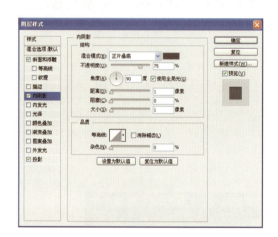

图3-92 文字添加图层样式参数设置1

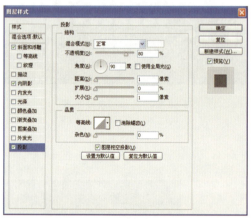

图3-93 文字添加图层样式参数设置2

图3-94 背景填充后效果

图3-95 使用滤镜及正片叠加后效果

12. 在执行"滤镜"→"模糊"→"动感模糊",按如图 3-96 所示设置。

13. 合并背景图层和刚才执行动感模糊的图层,并添加图层蒙版,使用镜像渐变(如图 3-97 所示)。

最后给球形底部绘制阴影,大功告成了,如图 3-98 所示效果。

图3-96 执行模糊参数

图3-97 执行此步的效果

图3-98 最终效果

小 结

本章主要讲述了 Photoshop 图像的编辑与调整,以及文字工具,可以使读者较为详尽地了解工具组的操作命令和实现效果,对运用这些工具制作案例有了初步的一个思路,这对熟练和灵活地运用这些工具和命令非常重要。

实训练习

1. 利用加深、减淡工具制作一个仿真的鸡蛋。

2. 利用修图工具组修补拍摄的不完美照片。

3. 利用切片工具对网站实例进行切片练习。

4. 用文字工具制作火焰文字。

APTER 4

第四章

3D技术

■ **课前目标**

　　Photoshop 自 CS4 版本后增加了 3D 功能，新版本的 3D 功能和旧版本相比，不仅仅是各个功能模块逻辑关系发生了很大的变化，在操作方式上也同样发生了翻天覆地的变化，如果你是 Photoshop 3D 功能的新手，那么你学习 3D 的新功能不会受老版本的制约；假如你是老手，不要紧，现在探讨一下新旧版本之间的差异。

4.1 3D 功能新旧版本之间的差异

一、交互渲染的机制显著不同

3D 中的渲染分为两种类型，一种是交互渲染，另一种是输出渲染。就交互渲染而言，旧版中可以选择是依靠 GPU 来完成还是依靠 CPU 来完成，而且如果选择 GPU，则将无法渲染阴影、反射、折射等光线跟踪效果。

而新版中的交互渲染则只依靠 GPU 来完成，同时还能渲染阴影等光线跟踪效果（如图 4-1 所示）。

其大意是：3D 功能需要图形加速功能的支持，显卡应该满足最低限度的要求，你或许需要检查显卡的驱动程度是不是最恰当的（如图 4-2 所示）。

当然，显卡仅仅支持 Open GL 仍然是不够的，如果驱动程序的功能不够强大，那么机器运行速度之慢是可想而知的，程序经常性的崩溃会让你抓狂无比。因此，在使用新版 3D 功能之前，最好先升级显卡的驱动程序，实在不行的话，不妨重新换一块显卡。另外一个因素是系统的内存，2 G 以下的内存估计玩起来是很不爽了，如果有 4 G 内存的话，玩起来应该是很惬意的。

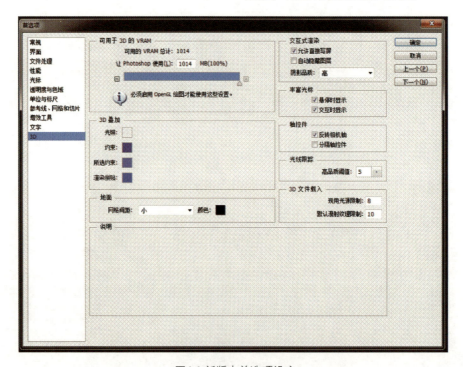

图4-1 新版本首选项设定

图4-2 3D 功能提示

二、3D 组件的内涵及组织方式发生了改变

在旧版中，3D 组件只包含网格、材质、灯光三类，这三类组件共同构成了 3D 场景。而在新版中，3D 组件还包含了环境与相机两个组件，其中网格、材质、灯光、相机共同构成了 3D 场景，而环境则是独立于场景之外的另外一个专门的组件。

旧版中的 3D 组件如图 4-3 所示。

新版中的 3D 组件如图 4-4 所示。

环境组件主要用于设置全局环境色以及地面、背景等基础要素的属性。

另外，组件的组织形式也有了新变化，当一个 3D 对象具有多个网格时，将自动创建一个网格夹（类似于图层面板中的图层组）；当将两个 3D 图层合并后，还会自动创建基于图层的网格夹，使得网格的组织更加条理化（如图 4-5 所示）。

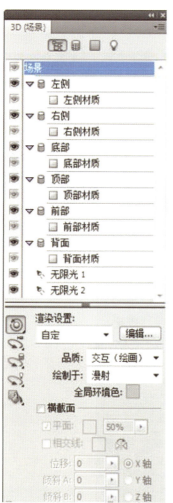

图4-3 旧版本"3D（场景）"面板

图4-4 新版本"3D"面板

图4-5 新版本的网格夹

75

三、各个 3D 功能模块进行了逻辑重组

对各个 3D 功能模块进行逻辑重组是新版 3D 的重大变化之一。

1. 对象、网格、相机、灯光共享同一组变换工具。

在旧版中，各个 3D 组件分别拥有自己独立的变换工具，而在新版中，对象、网格、相机、灯光将共享同一组工具，使得逻辑上更加简洁化和条理化。

2. 各个 3D 组件的属性设置不再在 3D 面板中设置，而是统一集中到属性面板中设置；另外，渲染设置和凸纹编辑等次级设置面板也被统一整合到属性面板设置。

3. 强化了 3D 功能与 Photoshop 内核程序的融合。

（1）工具的融合

3D 变换工具被整合到了移动工具中（如图 4-6 所示）。

旧版材质的两个工具——材质选择工具与材质填充工具分别被整合到了吸管工具组与填充工具组中（如图 4-7、图 4-8 所示）。

（2）属性设置的融合

3D 组件属性设置及渲染设置、凸纹编辑等次级设置面板与 Photoshop 核心功能的调整图层、蒙版共享了属性调整面板（如图4-9 所示）。

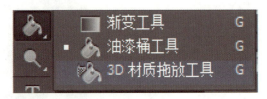

图4-6 3D变化工具在移动工具中

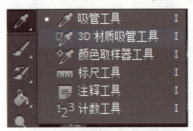

图4-7 3D材质吸管工具在吸管工具组中　　　　图4-8 3D材质拖放工具在填充工具组中

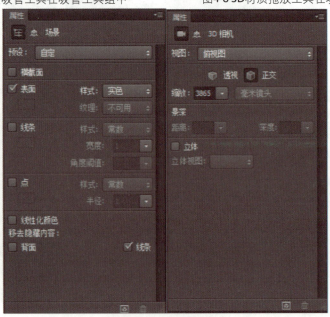

图4-9 3D组建属性面板

（3）随处可见的 3D 入口

旧版中，创建一个 3D 对象只有 3D 菜单和 3D 调板两个入口，而在新版中，创建 3D 对象的入口随处可见。任意一个普通图层的右键菜单、选择菜单都可见 3D 入口（如图 4-10、图 4-11 所示）。

输入文字之后的文字工具选项栏中的 3D 入口如图 4-12 所示。

图4-10 选择面板下3D入口　　　　图4-11 路径的右键菜单下3D入口

图4-12 文字工具栏中3D入口

四、操控性能得到了极大的提升

1. 灵活的组件选择方式

（1）在 3D 面板中直接选择

这是最标准的组件选择法，直接在 3D 面板中单击相应的组件即可。

更为重要的是，新版 3D 中引入了多组件选择的机制，具体与在图层调板中选择多个图层的方法相同（如图 4-13 所示）。

图4-13 3D面板参数

　　在 3D 调板中选中某个组件时，会在视图窗口中显示相应的外框，同时显示相应的 3D 轴及其他标识，让用户可以十分清楚地识别视图窗口中被选择的组件（如图 4-14 所示）。

　　需要指出的是，网格夹也是一个组件，拥有其独立的坐标属性（这与 Photoshop 中的图层组类似）（如图 4-15 所示）。

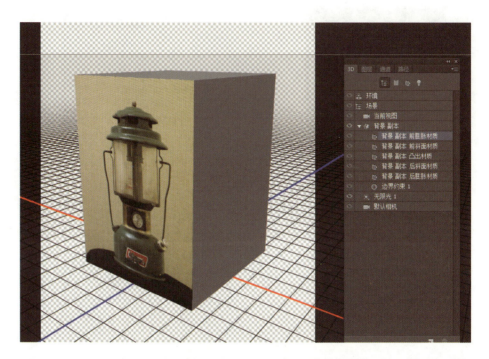

图4-14 3D轴和其他标识

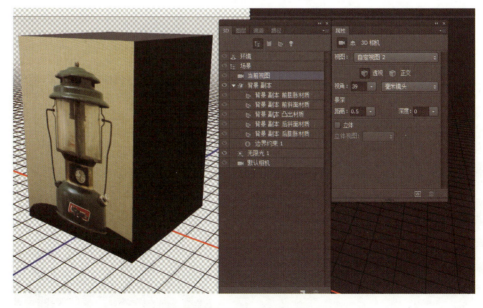

图4-15 3D面板中的网格夹

（2）在视图窗口中选择

在视图窗口中也可以选择网格及灯光等组件，当光标悬停于某个网格之上时，会显示相应的细线提示框（如图4-16所示）。

单击即可选择，按住 Shift 键可选择多个网格。

连续单击可在网格与其材质的选择之间切换，被选择的材质将以正常颜色显示，未被选择的材质则亮显（如图4-17所示）。

需要指出的是，这种在视图窗口中进行选择的方式具有一定的局限性，只能选择可见表面的网格和材质，以及可见的灯光等，而无法选择不可见的表面和灯光及相机、网格夹等组件。

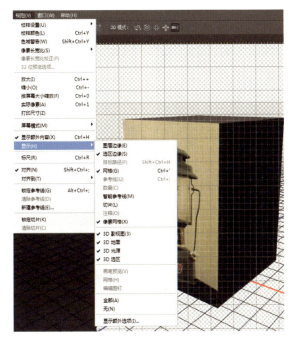

图4-16 显示网格

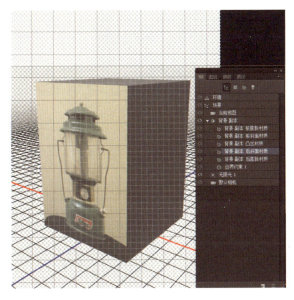

图4-17 选择材质后效果

2. 灵活的属性设置方式

各个组件的属性设置标准的方法是先选择某个组件，然后在属性面板中进行设置。另外一种快捷的方法是在视图窗口中右击相应的组件即可弹出该组件的属性设置快捷菜单。

背景右键菜单，可以设置场景、环境、

相机以及场景坐标等属性值（如图 4-18 所示）。

灯光右键菜单，可以设置灯光的属性（如图 4-19、图 4-20 所示）。

网格右键菜单，可以设置网格及其材质等相关属性（如图 4-21 所示）。

图4-18 3D面板设置参数

图4-19 灯光属性设置

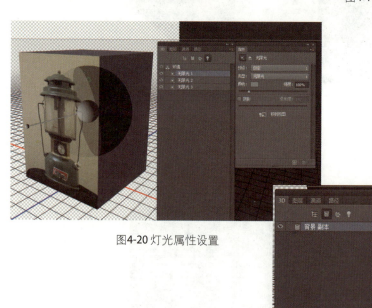

图4-20 灯光属性设置

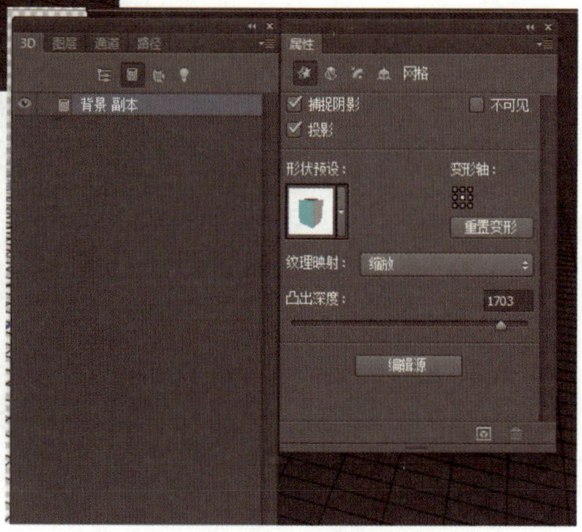

图4-21 网格和材质相关属性

3. 灵活的视图切换方式

旧版中的视图切换是十分麻烦的，假如当前工具是对象工具，则需要先切换到相机工具，然后在相机工具属性中更改视图，最后再切换到对象工具。

在新版中，当然也可以在 3D 面板中选择相机，然后在相机属性中更改视图。不过，更为快捷的视图切换是在窗口左下角的世界坐标轴标志附近右击，即可弹出视图切换的快捷菜单（如图 4-22 所示）。

另外，新版 3D 提供了主视图与辅视图双视图的显示模式，虽然不及 3D MAX 的四视图模式强大，但与旧版比起来，仍然是一个不小的进步。两个视图之间可以十分方便地进行切换（如图 4-23 所示）。

图4-22 右击后的快捷菜单

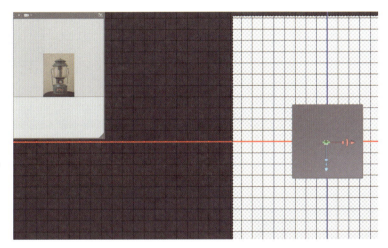

图4-23 主视图与俯视图

4. 灵活的变换方式

3D MAX 中使用了八九种坐标系统，Photoshop 中只使用世界坐标系、屏幕坐标系、局部坐标系三种坐标系统，在 Photoshop 中执行 3D 变换时可以灵活地使用这三种坐标系统。

当选择某个组件时，局部坐标轴将直接处于该组件的中心，与旧版中的局部坐标轴总是停留于窗口左上角相比，无疑更加方便了变换操作。

还有一点需要提醒的是，当使用 3D 变换工具进行变换时会有激活敏感区域的问题。具体来讲，当在对象之外使用位置、旋转变换工具时，使用的是屏幕坐标系统，而当移到某个敏感区域（如边线或表面上）时，会有相应的提示出现，根据提示即可基于局部坐标系进行相应的变换（如图 4-24 所示）。

另外，可以在窗口中直接以拖曳的方式改变聚光灯的有关属性参数，这在旧版中是无法实现的（如图 4-25 所示）。

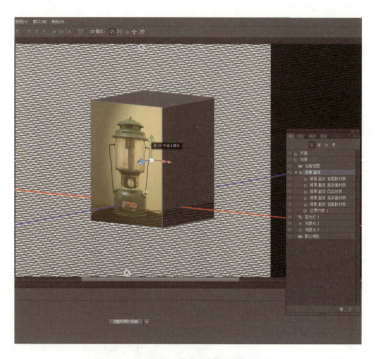

图4-24 坐标系提示

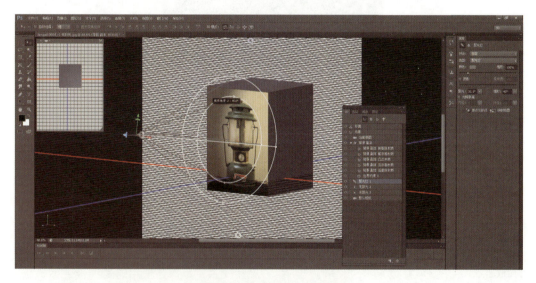

图4-25 拖曳实现的灯光效果

5. 强大的 3D 动画

前面已经提到，新版 3D 较旧版又增加了基于网格、材质、灯光的 3D 动画功能。

三套坐标系统、组件的层级管理机制使各个层次的网格夹拥有独立的坐标属性，对象的变换配合相机机位的变换，这些庞大功能结合在一起，使得创建复杂的 3D 动画不仅成为可能，而且更易于实现。 唯一美中不足的是，旋转变换不能设置旋转的中心点，从而无法直接实现一个对象围绕另一个对象旋转的功能，估计后续版本的 3D 功能会在这一方面有所突破。

4.2 制作 3D 立体字效果

第一步

首先新建一个画布，利用工具箱的文字工具，在画面中央输入文字，完毕后选择文字图层右击选择"从所选图层新建 3D 凸出"（如图 4-26 所示）。

第二步

这时可以直接拖动改变立体文字的角度与位置来凸显 3D 效果，可任意切换，来调整立体文字的角度（如图 4-27 所示）。

第三步

切换到 3D 图层面板，给立体文字布光，根据需要调整光源（如图 4-28 所示）。

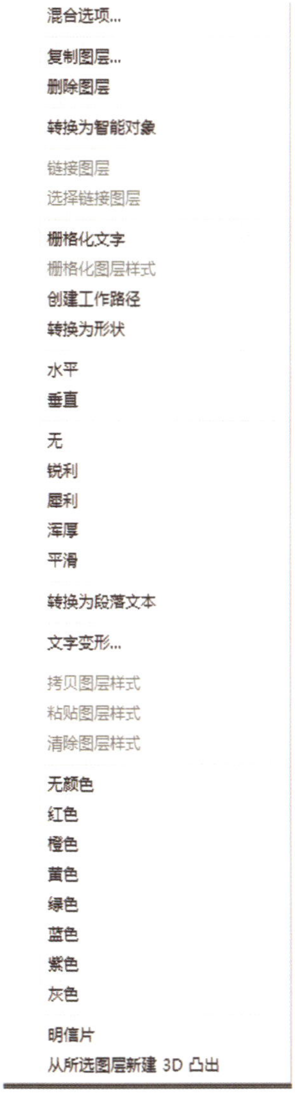

图4-26 右击后的菜单显示

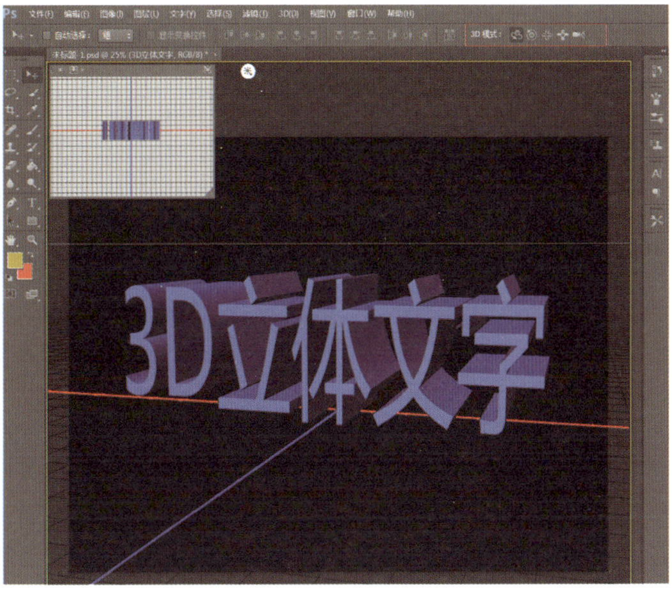

图4-27 凸显3D效果后

图4-28 布光后效果

第四步

　　回到 3D 面板，选择 3D 立体文字，选择所需要的效果，在属性面板修改数值，增加文字的变化（如图 4-29 所示）。

第五步

　　选择材质面板，给所新建的文字增加材质（如图 4-30、图 4-31 所示）。

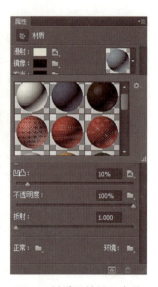

图4-31 材质属性设置参数

图4-29 属性面板调整数值　　　　图4-30 属性面板材质调整参数

第六步

给调整好的文字加些变形，所有的变化都可以在圆圈内展开（如图 4-32 所示）。

第七步

所有工作完成后，和 3DS MAX 一样，点击一下渲染命令（如图 4-33 所示）。

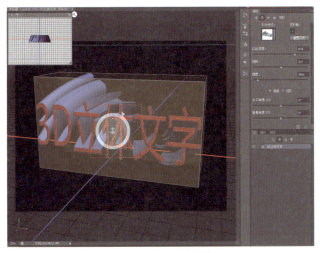

图4-32 变形后的字体

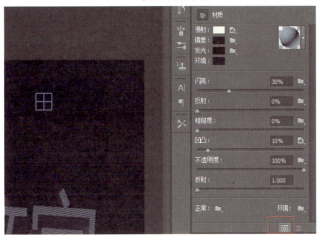

图4-33 点击图示渲染按钮

小 结

本章主要讲述了 Photoshop CS6 版本中的 3D 功能，第一节把 3D 功能的改进做了一个具体论述，并配以图片解释，最后引用最常用和最常见的 3D 文字，通过对 3D 文字的设置，讲述灯光、材质面板的基本属性和操作技巧，使读者对 3D 功能有个基本的认识并懂得入门的操作方法。

实训练习

1. 运用 photo shop 3D 功能制作一个三维立体彩球
2. 运用 photo shop 3D 功能制作一个青花瓷花瓶

APTER 5

第五章
滤镜专区

■ 课前目标

　　滤镜是 Photoshop CS6 中重要的图像表现工具，也是特色工具之一。就像摄影师在相机上安装各种特殊镜片一样，在图像处理中要实现千变万化的特殊效果，都可以使用滤镜功能。滤镜的操作虽然简单，但是要得到好的效果却并不容易，首先操作者需要对每个滤镜的效果非常的熟悉和具备滤镜的操作控制能力，进而在对图片或者照片进行处理时综合运用滤镜功能，所以学习和掌握滤镜功能要多动手，进行实例练习。

5.1 滤镜种类及常用中文滤镜的安装与介绍

Photoshop CS6 中为用户提供了上百种滤镜，从类别上滤镜分为内置滤镜和外置滤镜，内置滤镜为软件自带滤镜，其中功能最强大的为自定义滤镜，自定义滤镜位于"滤镜"→"其他"中，用户可以根据需求自定

义滤镜，以应用起来更加便捷。外置滤镜也称为外挂滤镜，是由其他厂商提供的，安装完成后会出现在 Photoshop 滤镜菜单中，是内置滤镜很好的补充。在本章中主要介绍内置滤镜的使用。

5.1.1 Photoshop CS6 常用 8 大中文滤镜安装及介绍

1. 常用的中文滤镜

（1）Alien.Skin.Xenofex 2；
（2）Eye Candy 5 Textures；
（3）Eye Candy 4000；
（4）NikColorEfex3；
（5）抽出滤镜；
（6）灯光工厂 3.0；
（7）燃烧的梨树；
（8）人像磨皮滤镜 2.3。

安装方法：直接解压文件至 Photoshop 安装路径 Adobe Photoshop CS6\Plug-ins\Panels，然后重启 Photoshop 即可使用。

Xenofex 是 Alien Skin 公司一款功能强大的滤镜软件，是各类图像设计师不可多得的工具。

Xenofex 2 滤镜主要分为：

Baked Earth（裂纹效果），能制作出干裂的土地效果（如图 5-1 所示）。

Constellation（星座效果），能产生群星灿烂的效果（如图 5-2 所示）。

Crumple（褶皱效果），能产生十分逼真的褶皱效果（如图 5-3 所示）。

Flag（旗帜效果），能制作出各种各样迎风飘舞的旗子和飘带效果（如图 5-4 所示）。

Lightning（闪电效果），能产生无数变化的闪电效果（如图 5-5 所示）。

Little fluffy clouds（絮云效果），能生成各种云朵效果（如图 5-6 所示）。

Puzzle（拼图效果），能生成一种拼图的效果（如图 5-7 所示）。

Stain（污染效果），能为图片增加污点效果（如图 5-8 所示）。

Television（电视效果），能生成一种老式电视的效果（如图 5-9 所示）。

Electrify（触电效果），能产生一种触电的效果。此滤镜需要选区或者图层有一定的透明度，且选区对象不能是整张图片（如图 5-10 所示）。

图5-1 裂纹后的效果

图5-2 星座后的效果

图5-3 褶皱后的效果

图5-4 旗帜后的效果

图5-5 闪电后的效果

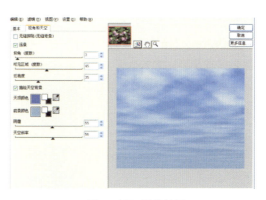

图5-6 絮云后的效果

图5-7 拼图后的效果

图5-8 污染后的效果

图5-9 电视后的效果

图5-10 触电后的效果

Stmper（压模效果），可以满足对于特殊平面影像创作上的需求。

Origami（毛玻璃效果），能生成一种毛玻璃看东西的效果。

Rounded rectangle（圆角矩形效果），能产生各种不同形状的边框效果。

Shatter（碎片效果），能生成一种镜子被打碎的效果。

Shower door（雨景效果），能生成雨中看物体的效果。

Distress（撕裂效果），能制作出一些自然剥落或撕裂文字的效果（如图 5-11 所示）。

2. Eye Candy 4000（如图 5-12 所示）

这是 AlienSkin 公司出口的一组极为强大的经典 Photoshop 外挂滤镜，Eye Candy 4000 功能千变万化，拥有极为丰富的特效，有反相、铬合金、闪耀、发光、阴影、HSB 噪点、水滴、水迹、挖剪、玻璃、斜面、烟幕、旋涡、毛发、木纹、编织、星星、斜视、大理石、摇动、运动痕迹、溶化、火焰共 23 个特效滤镜，在 Photoshop 外挂滤镜中评价非常好，广为人所使用。

AlienSkin Eye Candy 4000 可以对文字进行特效处理，也可以制作不同的背景素材，纹理、水珠、滴水、火焰等特效更是广大设计师爱不释手的功能。

图5-11 撕裂后的效果

图5-12 "滤镜"菜单下的Eye Candy 4000

5.2 自带滤镜的功能与用法

Photoshop 自带滤镜的种类很多，做出的效果也非常丰富，我们挑选其中最常用的滤镜向大家进行介绍。

5.2.1 扭曲滤镜

扭曲滤镜有九种效果（如图 5-13 所示）。

（1）切变滤镜

控制一条垂直方向的线，可以增加锚点来扭曲图像。未定义区域设置"折回"表示切变像素外的图像也随着切变的像素发生扭曲，图像以拼贴的方式填充背景。"重复边缘像素"表示背景边缘以相对应的颜色填充，不产生拼贴效果，视觉效果为只有中间部分扭曲，而背景不变，如图 5-14、图 5-15 所示。单击"复位"回复到垂直状态。

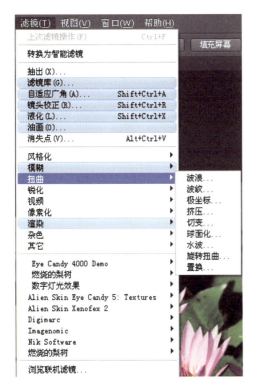

图5-13 扭曲滤镜菜单

图5-14 切变滤镜参数设置

图5-15 切变滤镜后效果

（2）波浪滤镜

在"波浪"对话框中可以设定波长、波幅、比例等参数，完成波浪的效果，同样有"折回"和"重复边缘像素"命令（如图 5-16、图 5-17 所示）。

（3）挤压滤镜

通过控制挤压参数，正值为向内挤压，负值为向外凸出，取值的范围为 −100~100（如图 5-18 至图 5-21 所示）。

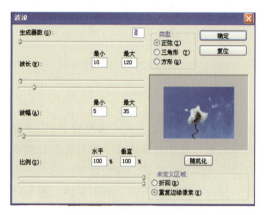

图5-16 波浪滤镜参数设置

图5-17 波浪后效果

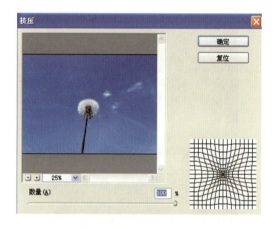

图5-18 挤压正值最大

图5-19 挤压正值最大后效果

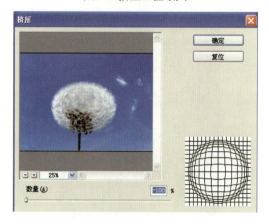

图5-20 挤压负值最大后效果

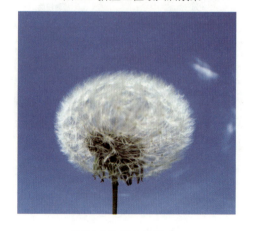

图5-21 挤压负值最大

（4）旋转扭曲滤镜

可以将当前图层的像素以图像中心为中心进行旋转，这种旋转的强度是从外到内逐渐加强的。角度范围为 -999~999，分别为顺时针和逆时针旋转，不同的数值得到不同效果（如图 5-22、图 5-23 所示）。

（5）极坐标滤镜

极坐标滤镜有两种方式，即平面坐标到极坐标和极坐标到平面坐标。第一种情况的时候，是以图像的中心为圆心，将图像由圆变成直线，而第二种情况恰好相反，是由直线变成圆，效果如图 5-24、图 5-25 所示。

图5-22 旋转扭曲参数设置

图5-23 旋转扭曲后效果

图5-24 平面坐标到极坐标

图5-25 极坐标到平面坐标

（6）水波滤镜

根据图像中像素的半径将图像进行扭曲，产生类似水波的效果。可以通过设置"数量"设定水波的大小，设置"起伏"来确定水波的数目，以及选择"样式"来控制水波产生的方式，有三种水波的样式，即围绕中心、从中心向外、水池波纹（如图5-26所示）。

（7）球面化滤镜

使图像或者选区内的内容产生凸出或者凹陷的三维效果。调整"数量"选项，数值为正代表向外凸，数值为负代表向内凹，数值范围在−100~100，有三种模式，即正常、水平优先、垂直优先（如图5-27所示）。

（8）置换滤镜

置换滤镜是所有滤镜中较难理解的一个，需要两个文件才能执行。根据置换图中像素的不同色调值来对图像进行变形，从而产生不定方向的移位效果（如图5-28所示）。

（9）波纹滤镜

在"波纹"对话框中可以设定数量大小（−999~999）参数，波纹有大中小三个选项，完成波纹的效果如图5-29所示。

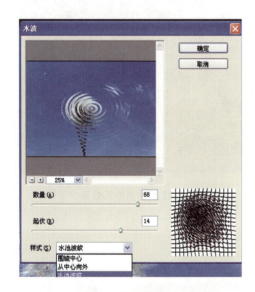

图5-26 水波滤镜面板

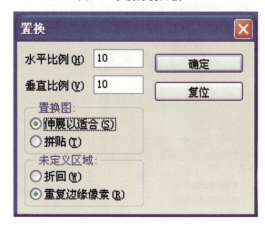

图5-28 置换滤镜面板参数

图5-27 球面化滤镜面板

图5-29 波纹滤镜面板

5.2.2 渲染滤镜

1. 云彩和分层云彩滤镜

两者都可以产生云彩。云彩是使用介于前景色和背景色之间的随机像素值而生成云彩效果，每次都会重新计算生成。分层云彩滤镜是重复使用，会与前次的效果混合，产生浓烈的色彩变化（如图5-30至图5-32所示）。

2. 光照效果滤镜

Photoshop CS6 中采用了全新的光照效果滤镜，它采用了 GPU 加速的技术，而且功能改进了不少。从而使得打造的光照效果更为真实。然而，这个全新的光照效果滤镜对于很多新人而言，使用极为不方便，因为它实在是太专业了，而且它还不支持 XP（在 XP 中 CS6 自带的光照效果滤镜会被关闭，因为它的 GPU 加速功能 XP 是用不了的）。

光照效果是在图像上添加光源。它有 17 种光照样式、3 种光照类型和 4 套光照属性，通过调整参数和添加光源可以产生无数种光照的效果。另外，可以配合通道相使用，产生凹凸的效果（如图 5-33 所示）。

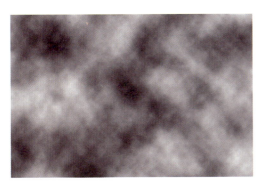

图5-30 分层云彩一次效果

图5-31 分层云彩两次效果

图5-32 分层云彩三次效果

图5-33 "光照效果"面板设置参数

5.2.3 模糊滤镜

模糊滤镜下有很多模糊效果，根据不同的需要选择不同的模糊效果，模糊效果可以叠加，具体实例我们在后面的综合应用的章节中会体现（如图5-34所示）。

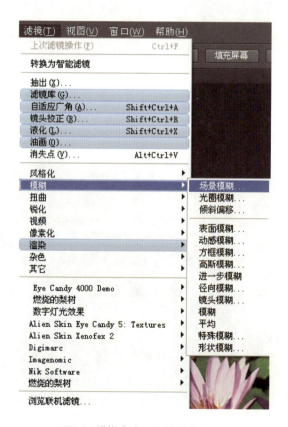

图5-34 模糊命令下多种模糊效果

5.3 滤镜的应用

5.3.1 制作七彩绚丽星空

在 Photoshop 中新建一个 800×800 的黑色背景文件，用画笔工具在上面任意点一些白色的点点（如图 5-35 所示）。

按快捷键 Ctrl+R 显示标尺，在 (400, 400) 处拉水平和垂直参考线。新建一个图层，按住 Shift 键从中心拉出渐变，渐变选择菱形渐变，图层模式改为滤色（如图 5-36 所示）。

执行"滤镜"→"旋转扭曲"，角度设为 400 度（如图 5-37、图 5-38 所示）。

图5-35 操作完的效果

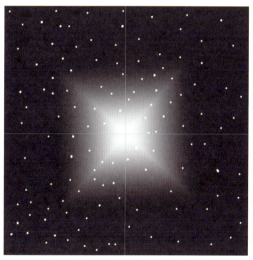

图5-36 增加菱形渐变图层后的效果

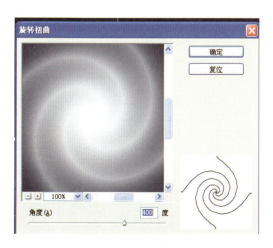

图5-37 "旋转扭曲"滤镜面板参数设置

图5-38 旋转扭曲后效果

执行"滤镜"→"扭曲"→"极坐标"，模式为"极坐标到平面坐标"（如图5-39、图5-40所示）。

接下来这一步很关键，首先调整图像尺寸为1000×1000像素，然后选择自由变换工具，使上层图像刚好位于图像下半部。再复制一层，再次执行变换，垂直翻转，移动使其位于图像上半部（如图5-41、图5-42所示）。

图5-39 选择"极坐标到平面坐标"

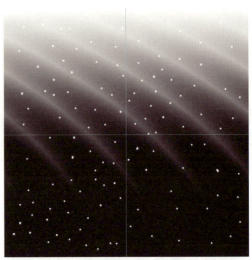

图5-40 执行"极坐标"后的效果

图5-41 调整图层移到画面下方后效果

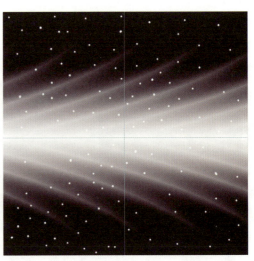

图5-42 复制并调整图层后的效果

把对齐的上下两层合并，一定要对好位置。执行"滤镜"→"扭曲"→"极坐标"，选择从"平面坐标到极坐标"（如图 5-43、图 5-44 所示）。

现在开始给星空着色，选择"色相/饱和度"，勾选"着色"（如图 5-45 所示）。

如果感觉颜色不是很丰富，可以新建一个图层，选择线性渐变（如图 5-46 所示）。

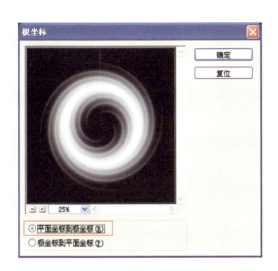

图5-43 极坐标面板选择"平面坐标到极坐标"

图5-44 执行"极坐标"后的效果

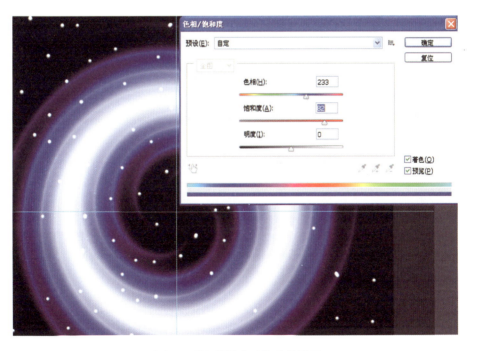

图5-45 "色相/饱和度"参数设置

图5-46 选择线性渐变

把混合模式改为叠加，现在看看效果应该是很漂亮了（如图5-47、图5-48所示）。

当然可以发挥一下自己的创造力，把星空处理得更加丰富亮丽。

图5-47 图层面板更改混合模式

图5-48 更改后效果

5.3.2 制作彩色贝壳

第一步 在 Photoshop 中新建文档，分辨率为 200 像素/英寸，背景色为白色，其他参数设置如图5-49所示。

第二步 新建图层1，用矩形选框工具拉出 30 像素的竖条选区，填充 R212、

G204、B129，用方向键将该矩形选区右移 15 个像素，继续填充，以此类推，填满画布。（用图章工具或图层渐变，或者先定义图案再填充图案，记录动画等，大家可以试试）（如图5-50所示）。

图5-49 新建文档设置

图5-50 做完此步后效果

第三步 使用自由变换工具将图像缩小一些，执行"滤镜"→"扭曲"→"球面化"，数值为100（如图5-51所示）。

第四步 用椭圆选框工具拉出一个正圆框住图中心形成的圆（按住 Shift 键），在菜单栏上单击"选择"→"反选"（Ctrl+Shift+L），按 Delete 键删除多余部分。

复制此图层，得到图层的一个副本，将图层副本前的预览关闭，暂时不用此图层（如图5-52所示）。

第五步 将图层1用自由变换（Ctrl+T）缩小至四分之一画布大小，放置在画布中心，右击选择"透视"，将最下边两个节点向中心汇聚至重合（如图5-53、图5-54所示）。

图5-51 球面化以后的效果

图5-52 删除多余边缘后效果

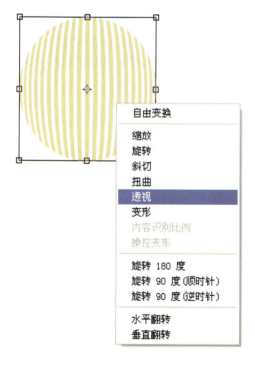

图5-53 执行透视变化

图5-54 透视后的效果

第六步 选择菜单栏中"滤镜"→"液化",弹出新窗口,选择左侧的"膨胀工具",画笔大小设成 200,画笔压力设成 50,在扇形底部点按几次(也可点压住不动,停留时间不要太长),使其具有膨胀效果(如图 5-55 所示)。

第七步 新建图层 2,将其放置在图层 1 的下面,用钢笔工具,将整个扇形勾画出来,用直接选择工具调整好路径。按住 Ctrl+Enter,将路径转换成选区,填充 R242、G230、B112(如图 5-56 所示)。

第八步 将图层 1 应用图层"样式"→"投影",不透明度设置为 43%,角度设置为 148 度,距离 15 像素,扩展 14%,大小 29 像素,其余设置不变(如图 5-57 所示)。合并图层 1 和图层 2。

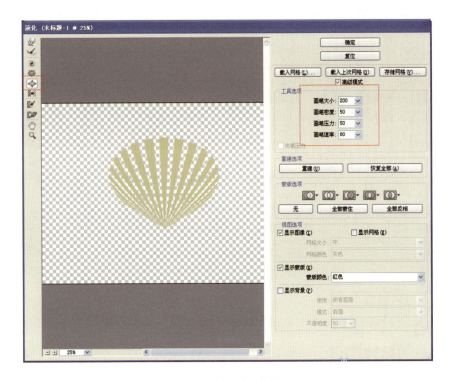

图5-55 液化面板参数设置

图5-56 钢笔绘制的路径

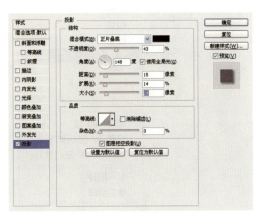

图5-57 图层样式面板的参数设置

第九步 新建图层 3，填充纯白色 R255、G255、B255，应用图层"样式"→"渐变叠加"，将渐变编辑器设置成透明条纹，并将颜色改为 R242、G230、B112，将样式设置为"径向"，其余不变，得到同心圆。新建图层 4 与图层 3 合并，使图层 3 变为普通图层（如图 5-58、图 5-59 所示）。

将最里层的白圈填充 R242、G230、B112，然后在菜单栏上点击"选择"→"色彩范围"，弹出对话框，用变为吸管工具的指针吸取画面上白色部分，色彩容差调整为 100%，单击"确定"按钮后，按 Delete 键删除全部白色部分（如图 5-60 所示）。

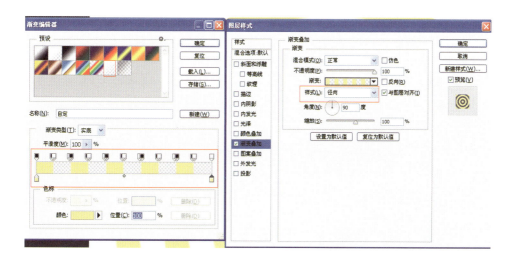

图5-58 渐变叠加样式参数设置

图5-59 渐变叠加后的效果

图5-60 "色彩范围"面板参数设置

第十步 将图层 2 用自由变换工具压成椭圆形，在菜单栏上选择"滤镜"→"扭曲"→"球面化"，数量为 100%，并重复球面化动作 2 次（Ctrl+F）。用自由变换（Ctrl+T）将图层 4 调整至合适大小，保持当前图层为图层 4，按住 Ctrl 键不放，单击图层面板上的图层 2，再在菜单栏上点击"选择"→"反选"（Ctrl+Shift+L），按 Delete键删除多余部分，效果如图 5-61 所示。

第十一步 保持图层 2 为当前图层，在菜单栏上选择"滤镜"→"纹理"→"纹理化"，在弹出的对话框中选择沙岩，缩放130%，凸现 10。单击"确定"按钮后，在图层面板上将图层 4 模式设为"正片叠底"，不透明度设为 58%，效果如图 5-62 所示。

第十二步 将图层 4 与图层 2 进行合并（Ctrl+E）。用多边形套索工具，在贝壳边沿勾

出齿状，按 Delete 键删除多余部分，或者用橡皮擦工具擦除，效果如图 5-63 所示。

第十三步 打开我们一开始隐藏的图层1 副本，并将此层放置于最底层，在菜单栏上选择"编辑"→"变换"→"旋转 90 度"，并用自由变换工具将其压扁成椭圆形，效果如图 5-64 所示。

第十四步 将图层 1 副本应用图层"样式"→"投影"，不透明度设置为 50%，角度设置为 148 度，距离 12 像素，扩展 4%，大小 16 像素，其余设置不变，效果如图 5-65所示。

第十五步 新建图层 3，用椭圆选框工具拉出一个与图层 1 副本一样大小的椭圆，填充 R242、G230、B112，并将图层 1 副本与图层 3 合并（Ctrl+E），效果如图 5-66 所示。

图5-61 执行此步骤的效果

图5-62 执行滤镜后的效果

图5-63 擦除边缘后的效果

图5-64 复制图层后效果

图5-65 更改图层样式后的效果

图5-66 执行此步后效果

第十六步 保持合并后的图层1副本为当前层，在菜单栏上选择"滤镜"→"扭曲"→"球面化"，数量为100%。在菜单栏中选择"编辑"→"变换"→"旋转180度"，确定后用多边形套索工具切出贝壳下部的棱角。最后再修饰一下贝壳的边缘，擦除半透明效果，用加深和减淡工具增强立体感，效果如图5-67所示。

最后，可以多复制几层调整一下色相饱和度，当然找张沙滩的背景贴在后面效果会更好，效果如图5-68所示。

图5-67 擦除后的效果

图5-68 最终效果

5.3.3 制作彩色气泡

彩色气泡制作的方法有很多种，本文结合滤镜功能制作彩色的气泡，主要用到镜头的光晕，再对其调整大小、角度、颜色等。

1. 新建一个宽度和高度一致的文档，背景填充黑色（如图5-69所示）。

图5-69 新建文档设置

2. 选择"滤镜"→"渲染"→"镜头光晕",把光晕移到靠中间位置,亮度 110,镜头类型选择 50~300 毫米(如图 5-70 所示)。

3. 复制一个图层,并执行"滤镜"→"扭曲"→"极坐标",选择"平面坐标到极坐标"(如图 5-71 所示)。

4. 把此图层再复制一次,并按 Ctrl+F 键把极坐标再次加强(如图 5-72 所示)。

5. 新建 600 像素 × 600 像素文档,画一正圆并填充黑色(如图 5-73 所示)。

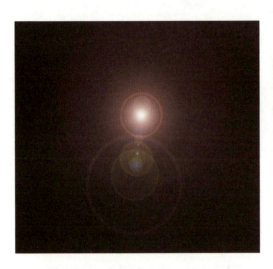

图5-70 执行"光晕"后的效果

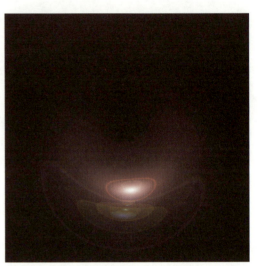

图5-71 执行"极坐标"后效果

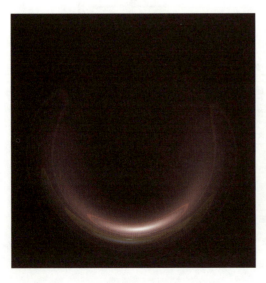

图5-72 加强后效果

图5-73 新建文档示意

6. 回到刚才新建的文档，把图层 1 副本拖曳进来，用自由变换工具调整大小和角度，执行"滤镜"→"模糊"→"高斯模糊"，数值为 3，然后向下创建剪切蒙版（Ctrl+Alt+G），混合模式改为"滤色"。

7. 把当前图层复制一层，把光束移动至圆形底部，调整色相 / 饱和度，转为蓝色（如图 5-74 所示）。

8. 再复制一层，调整至其他位置，再次调整色相 / 饱和度，使其色彩更丰富（如图

5-75 所示）。

9. 适当地调整气泡的光感，使效果更加鲜明（如图 5-76 所示）。

10. 把之前文档的图层拖曳进来，调整至合适位置和角度，执行"滤镜"→"模糊"→"高斯模糊"，数值为 4，混合模式改为"滤色"，创建剪贴蒙版。并再次复制此图层 2 次，调整位置增加其他色泽的光泽（如图 5-77 所示）。

图5-74 调整色相/饱和度后效果

图5-75 再次调整色相/饱和度后效果

图5-76 调整光感后效果

图5-77 更改混合模式后

11. 在最上层创建色彩平衡调整层，对阴影和高光进行调整（如图 5-78、图 5-79 所示）。

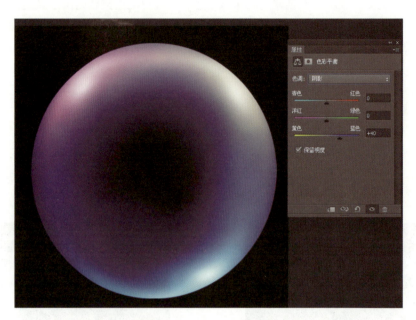

图5-78 调整色彩平衡参数设置1

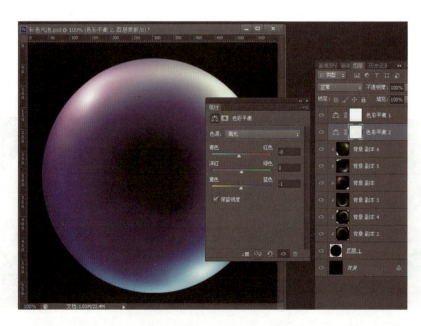

图5-79 调整色彩平衡参数设置2

12. 调整下对比度，适当调整细节，得到最终效果（如图 5-80 所示）。

图5-80 最终效果

小 结

　　本章主要对被称为最神奇的魔法师——滤镜面板进行讲解，使用滤镜命令，可以设计出许多超乎想象的图像效果。Photoshop 滤镜基本可以分为三个部分：内阙滤镜、内置滤镜（也就是 Photoshop 自带的滤镜）、外挂滤镜（也就是第三方滤镜）。并对外挂滤镜安装和使用效果进行讲解，希望读者可以举一反三，把魔法师的功能发挥到极致。

实训练习

1、利用滤镜制作绚丽的蓝色放射光束
2、利用滤镜制作光彩夺目的钻石

APTER 6

第六章
综合——标志设计应用

■课前目标

　　本章属于标志设计的综合应用，主要包括标志的复制、绘制和创作。在 Photoshop 中，我们主要应用钢笔工具绘制路径的方法来创建标志图形，本章分为两节，第一节主要讲述如何使用选区工具和钢笔工具来绘制路径；第二节通过结合图层及编辑菜单的使用，讲述了标志的创作过程。

6.1 实例一——标志绘制

6.1.1 相关工具介绍

【钢笔工具】在 Photoshop 中，钢笔工具用来创建路径，需结合路径面板使用。钢笔工具属于矢量绘图工具，其优点是可以勾画平滑的曲线，在缩放或者变形之后仍能保持平滑效果。和路径面板结合使用时，可以创建不封闭的开放形状；如把起点与终点重合就可以绘制封闭路径。

Photoshop 提供多种钢笔工具。标准钢笔工具可用于绘制精确的图像，可以自由切换直线与曲线的绘制；自由钢笔工具可用于像使用铅笔在纸上绘图一样来绘制路径，如

结合选项条中的复选项"磁性的"来使用，可形成磁性钢笔工具，可用于绘制与图像中已定义区域的边缘对齐的路径。如图 6-1 所示为钢笔路径的选项条。

1. 钢笔工具

在 Photoshop CS6 中钢笔工具的选项条有了新的变化。在选项条的"选择工具模式"中，可以选择创建形状、路径和像素。当我们选择"路径"工具模式时，选项条如图 6-2 所示。

图6-1 钢笔路径的选项条

图6-2 路径的选择工具模式

可以将创建的路径直接转化为"选区"、"蒙版"或"形状"。

（1）创建直线、闭合几何形路径

①选择钢笔工具，将钢笔工具定位到直线的起点，并按下鼠标左键。绘制过程中，同时按下 Shift 键可创建水平、垂直与 45 度倾斜的直线（如图 6-3 所示）。

②如要闭合路径，将最后一个锚点定位在第一个（空心）锚点上，钢笔工具指针旁将出现一个小圆圈，单击可闭合路径；如要建立开放路径，可以在选择结束时按 Ctrl 键，并单击空白处。

③绘制好路径后，可在工具选项条点击"建立选区"按钮，将路径转化为选区，或者点击"新建图层"按钮，可创建形状图层，创建的路径还可以转化为矢量蒙版。

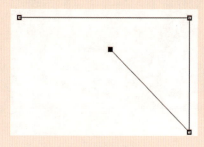

图6-3 钢笔工具创建的直线路径

（2）创建曲线

①选择钢笔工具，将钢笔工具定位到曲线的起点，并按住鼠标左键，此时会出现第一个锚点，同时钢笔工具指针变为一个箭头。

②保持按下鼠标左键的状态不要松手，拖动鼠标以设置要创建的曲线段的斜度，然后释放鼠标左键。

③如要闭合路径，将最后一个锚点定位在第一个（空心）锚点上，钢笔工具指针旁将出现一个小圆圈，单击可闭合路径；如要建立开放路径，可以在选择结束时按 Ctrl 键，并单击空白处（如图6-4所示）。

④如要修改路径，可以使用工具箱中的"路径选择工具"或"直接选择工具"来选择锚点，进行修改。如对路径不满意，还可以使用"添加锚点工具"和"删除锚点工具"对路径进行修改。"添加锚点工具"默认添加的是曲线点（如图6-5所示）。

⑤"转换点工具"用来转换直线锚点和曲线锚点。曲线锚点转换为直线锚点，直接单击锚点即可；直线锚点转换为曲线锚点，需按下鼠标左键，并拖动，出现箭头时释放即可。

提示：在钢笔工具选项条中，"橡皮带"选项，此选项可在移动指针时预览两次单击之间的路径段。 自动添加/删除 选项，可以在单击线段时添加锚点，或在单击锚点时删除锚点。

2. 自由钢笔工具

自由钢笔工具可用于像使用铅笔在纸上绘图一样来绘制路径，如结合选项条中的复选项"磁性的"来使用，可形成磁性钢笔工具，可用于绘制与图像中已定义区域的边缘对齐的路径。

（1）选择"自由钢笔工具"，勾选选项条中的"磁性的"选项。

（2）打开一张图像（如图6-6、图6-7所示），使用自由钢笔工具，沿着图像中女孩的头发创建一系列的锚点。

图6-4 钢笔工具创建的曲线路径

图6-5 添加、删除锚点工具

图6-6 自由钢笔工具

图6-7 自由钢笔工具创建的锚点

6.1.2 操作步骤

（1）新建一个文档，参数设置如图 6-8 所示：设 A4 纸大小，CMYK 颜色模式，背景设为白色。然后对宝马汽车标志进行绘制（如图 6-9 所示）。

（2）双击背景层，然后改名为"图层 0"，再新建一个"图层 1"，然后用椭圆选框工具在层的中间做一个正圆的选区（配合使用 Shift 键和 Alt 键）（如图 6-10 所示）。

图6-8 新建文档

图6-9 宝马汽车标志

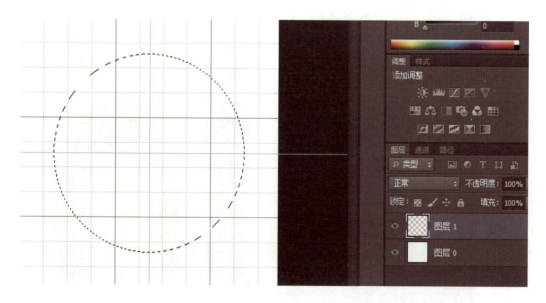

图6-10 宝马汽车标志绘制第一步

（3）图层 1 填充黑色。新建图层 2 使用喷枪工具在黑色部分喷上高光，记得把前景色设置为白色（如图 6-11 所示）。

（4）借助 Shift 键与 Alt 键创建一个同心的（与图层 1 中的正圆）略大于图层 1 正圆的选区，如图 6-12 所示，并使用"选择"→"存储选区"，在弹出的"存储选区"对话框中，输入选区名称 1（如图 6-13 所示）。

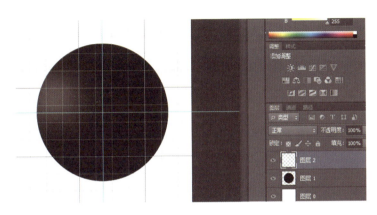

图6-11 宝马汽车标志绘制第二步

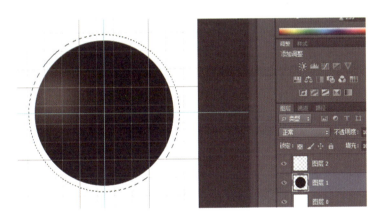

图6-12 宝马汽车标志绘制第三步

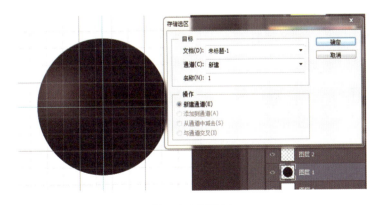

图6-13 存储选区

115

（5）按快捷键 Ctrl+D 取消选区。再次按住 Ctrl 键不放，单击"图层 1"，提取选区，并再次用同样的步骤存储选区，输入选区名称为 2。

（6）"选择"→"载入选区"，选择通道 1，新建选区；再次"选择"→"载入选区"，选择通道 2，操作为从选区中减去（如图 6-14 所示）。这样我们可以得到一个精准的圆环选区。

（7）新建图层 3，设定前景色为 #c3d5df，背景色为 #4b4c50，使用渐变工具，从左上角向右下角，拉出一个线性渐变，并为图层 1 与图层 3 加入图层样式，效果如图 6-15 所示。

图6-14 选区运算

图6-15 渐变和图层样式展示

（8）新建图层 4，使用同样的方法创建里面的小圆，记得要同时按住 Shift 键和 Alt 键，并填充白色。保持选区，使用 Alt 键，做出扇形选区（如图 6-16、图 6-17 所示）。

（9）新建图层 5，填充前景色为 #4f9dc7，并执行描边命令，设置如下：居外，3 像素，颜色为黑色。然后复制图层 5，得到图层 5 副本，按快捷键 Ctrl+T 自由变换，以圆的中心为中心，顺时针旋转 180 度，得到如图 6-18 所示效果。

图6-16 绘制宝马汽车标志里的小圆

图6-17 创建扇形选区

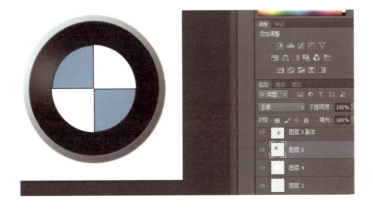

图6-18 扇形绘制完成

（10）按 Ctrl 键，单击图层 5，提取选区，使用变换选区命令，得到白色的扇形选区，同前面的步骤一样，做出如图 6-19、图 6-20 所示效果。

（11）为图层 5、图层 5 副本、图层 6、图层 6 副本加入图层样式，并合并四个图层。用同样的方式为合并后的图层 5 做一个外接圆环选区（如图 6-21 所示）。

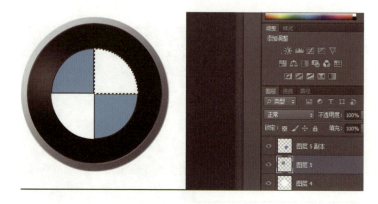

图6-19 扇形效果1

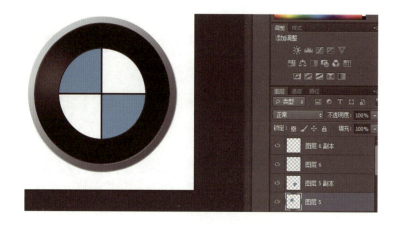

图6-20 扇形效果2

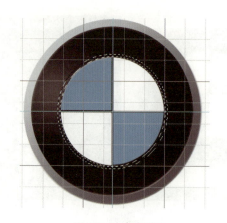

图6-21 做外接圆环

（12）新建图层6，设置前景色为#25292c，背景色为#bbc9d4，使用线性渐变，从左上角向右下角拉出渐变（如图6-22所示）。

（13）使用钢笔工具描绘BMW，并转换为选区，填充颜色。最后使用快捷键Ctrl+T，变形至合适大小，使用图层样式添加投影，效果如图6-23所示。

（14）把图层2移到最顶层，盖印所有图层完成最终效果（如图6-24所示）。

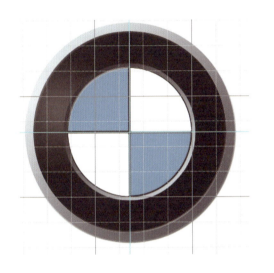

图6-22 为外接圆环加入渐变效果

图6-23 为BMW添加效果

图6-24 宝马汽车标志完成效果

6.2 实例二——标志创作

本案例的标志创作，是针对视频或网页来应用的，文字通过简单的工具使用，制作出玻璃光感字的 3D 效果。这种方法在 Photoshop 标志创作中使用非常广泛，有很强的实用价值。

6.2.1 相关工具介绍

【文字蒙版工具】文字在 Photoshop 中是一种很特殊的图像结构，它由像素组成，与当前图像具有相同的分辨率，字符放大时也会有锯齿。但它同时又具有基于矢量边缘的轮廓，因此具有点阵图像、图层与矢量文字等多种属性。

建立文字有两种方法：一种是"点文字"图层，适用于少量标题文字；另一种是"段落文字"图层，这种文字图层适合在大量文字的场合下，具备自动换行功能。

Photoshop 中提供了四种文字模式（如图 6-25 所示）。

建立点文字，选择横排、直排文字工具，在需要输入文字的地方，单击就可以直接输入。

建立段落文字，选择横排、直排文字工具，在需要输入文字的地方，按住鼠标左键进行拖动，在图像窗口即可拖出一个段落的文本框。

建立文字的选区：选择文字工具中的"横排文字蒙版工具"、"直排文字蒙版工具"，并设定文字的各项属性，将文字工具移动到图像窗口单击，输入文字后，文字即可转换为文字的选区范围（如图 6-26、图 6-27 所示）。

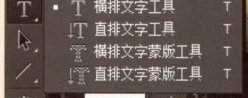

图6-25 文字工具

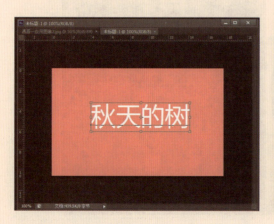

图6-26 横排文字蒙版工具

图6-27 用横排文字蒙版工具将文字转化为选区

【图层蒙版工具】图层蒙版工具在第二章里，已经详细地介绍过，在这里不再赘述。

【镜头光晕】滤镜里的镜头光晕主要是为图片的后期加入一些效果。使用菜单中的"滤镜"→"渲染"→"镜头光晕"命令即可加入光晕效果。

6.2.2 操作步骤

（1）新建一个文档，参数设置如图6-28所示。并使用横排文字蒙版工具，打上文字 TCL 的选区（根据自己制作标志的情况，设置合适的文字和字体）（如图6-28、图6-29 所示）。

（2）新建一个空白图层，命名为"描边"，然后选择"编辑"→"描边"，设定描边宽度为 3 像素，颜色为"白色"，"居外"描边。按快捷键 Ctrl+D 取消选区（如图 6-30、图 6-31 所示）。

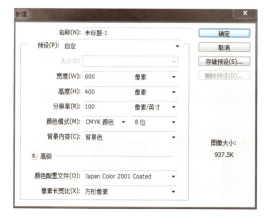

图6-28 新建文档

图6-29 输入文字选区

图6-30 文字描边设置

图6-31 文字描边后效果

图6-32 描边副本图层

（3）复制描边图层，得到"描边副本"，用移动工具稍微将"描边副本"移动几个像素，产生错位的感觉（如图 6-32 所示）。

（4）用钢笔工具在描边图层上勾出字体路径，转为选区后删除"描边副本"中不需要的部分（或者使用魔棒工具配合使用 Shift 键也可以实现同样的效果），效果如图 6-33 所示。

（5）保持选区，新建一个图层，命名为"高光"，填充为白色，不透明度设置为 40%，然后拉出文字高光的参考线，用钢笔工具勾出路径，转换为选区，并删除不需要的部分。按快捷键 Ctrl+D 取消选区（如图 6-34、图 6-35 所示）。

图6-33 修改描边副本图层

图6-34 建立高光层

图6-35 对高光层进行编辑

（6）现在为文字添加玻璃质感。按 Ctrl 键，调出高光图层的选区，新建一个图层填充蓝色，设定图层的不透明度为 60%，取消选区，用移动工具将图层移动 1~2 个像素（如图 6-36 所示）。

（7）新建一个图层，命名为"光点"，我们来制作玻璃的反光或光点，使用钢笔工具勾出这一部分，填充为白色，并设定图层的不透明度为 70%（如图 6-37、图 6-38 所示）。

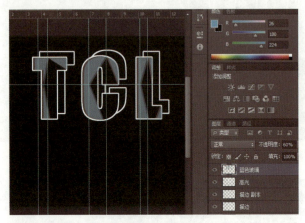

图6-36 添加玻璃材质

图6-37 建立光点的选区

图6-38 为光点的选区填充颜色

（8）对勾出的最亮的高光部分，做个高斯模糊，数值为 3 像素，更改图层不透明度为 50%，这样看起来效果更逼真一些（如图 6-39 所示）。

（9）现在来制作文字的倒影。按 Ctrl+Alt+Shift+E，盖印图层，得到图层 1，按 Ctrl+J 快捷键，复制图层 1，并使用

Ctrl+T 快捷键，选择垂直翻转，制作出文字的倒影（如图 6-40 所示）。

（10）为图层 1 副本添加图层蒙版，使用柔角画笔工具，交替使用黑色与白色，显现出图层 1，并使图层 1 副本变暗变虚，效果如图 6-41 所示。

图6-39 为光点部分做高斯模糊

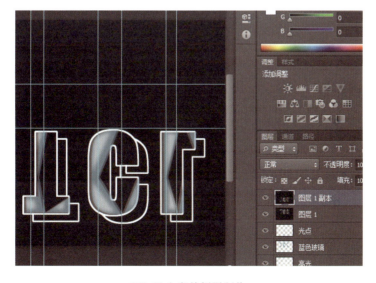

图6-40 文字的倒影制作

图6-41 使用图层蒙版为文字倒影添加效果

（11）最后添加一些装饰效果，可根据实际情况来选择，这里选用简单的镜头光晕效果。执行"滤镜"→"渲染"→"镜头光晕"，选择50~300毫米变焦镜头，移动至合适位置，完成最后效果（如图6-42所示）。

图6-42 文字效果展示

小 结

　　标志的绘制和创作是平面设计中常见的设计工作，本章着重讲述了如何绘制标志和创作标志。

实训练习

1. 如何使用钢笔工具建立路径、形状和矢量蒙版？
2. 试着用钢笔工具建立一个红旗轿车的标志。
3. 熟练掌握图层调板的使用，尝试结合滤镜的效果来自主创作一个标志。

APTER 7

第七章
综合——海报设计应用

■ **课前目标**

    本章以实例的形式，讲述了海报的制作过程，并详细地介绍了图像、图层的一些选项的实际应用。

7.1 实例一——海报设计

本章的海报案例，是当下较流行的雷朋海报风格，这种海报以大面积的绚丽颜色来吸引眼球。制作方法也比较简单：先选好合适的人物素材，用阈值等把暗部分离出来，然后把人物调成单一颜色，暗部转为相应的颜色，再配上文字和背景即可。

7.1.1 相关工具介绍

1. 阈值

阈值与"色阶""去色"有本质的区别："色阶"控制的是色彩的黑、白、灰三个层次，主要是调整明暗区域，其中存在灰色过渡；"去色"命令将彩色图像转换为相同颜色模式下的灰度图像，使图像表现为灰度，每个像素的明度值并不改变，而阈值命令则是转换为黑白图像，没有灰色过渡色。

在 Photoshop 中的阈值，就是临界值，实际上是基于图片亮度的一个黑白分界值，默认值是 50% 的中性灰，即 128，亮度高于 128（<50% 的灰）的白即会变白，低于 128（>50% 的灰）的黑即会变黑。

"阈值"命令将灰度或彩色图像转换为高对比度的黑白图像，可以指定某个色阶作为阈值，所有比阈值亮的像素转换为白色；而所有比阈值暗的像素转换为黑色，"阈值"命令可确定图像的最亮和最暗区域。

2. "阈值"命令的操作和效果

操作步骤：

（1）选取需要调整的图层，执行菜单命令"图像"→"调整"→"阈值"。

（2）"阈值"对话框显示当前选区中像素亮度级的直方图。

拖移直方图下面的滑块，直至需要的阈值色阶出现在对话框的顶部，然后单击"确定"按钮。拖移时，可以预览图像，图像将更改为反映新的阈值设置，默认情况下，滑块是处于"128"，属于中间值，只要将滑块拖至最左侧或最右侧，就可以显示出所有白色及黑色像素了。

使用"阈值"命令的作用效果为：

（1）可以识别图像的高光和暗调；

（2）可以通过区分黑白使图像产生版画效果；

（3）可以通过阈值调整找到图像中所需的灰度选区；

（4）可以提高黑白图像的扫描效果；

（5）可以通过阈值调整净化图（如图7-1所示）。

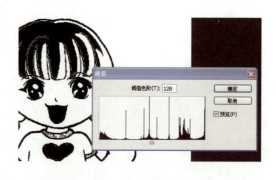

图7-1 阈值

7.1.2 操作步骤

海报设计原图与最终效果如图 7-2、图 7-3 所示。

1. 用 Photoshop CS6 打开图片，选择照片中的背景，创建新图层，填充颜色为黄色（如图 7-4 所示）。

2. 将背景图层复制，放到原背景图层的上方。然后选择"图像"→"调整"→"阈值"，阈值色阶设为 60，结果如图 7-5 所示。

3. 现在使用魔棒工具选中图层的黑色部分，填充为深紫色，反选选区，删除图层的白色区域，混合模式为"色相"（如图 7-6 所示）。

4. 在背景图层中选择"图像"→"调整"→"色相 / 饱和度"（色相 180，饱和度 60，明度 3）效果如图 7-7 所示。

图7-2 原图

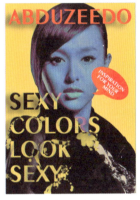

图7-3 海报最终效果展示

图7-4 为图片背景填充颜色

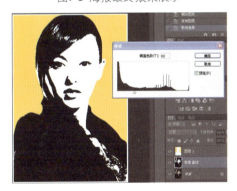

图7-5 使用阈值调整原图

图7-6 为人物的黑色部分添加深紫色

图7-7 调整背景图层的色相饱和度

5. 执行"图层"→"拼合图像"，这样三个图层就合并为一张图像。如果想要调亮一点，执行"图像"→"调整"→"阴影／高光"（阴影 30%，高光 0%）（如图 7-8 所示）。

6. 现在相片的部分完工了，需要添加一些字体来填充空白区域，形成一种海报风格。选择合适字体，颜色为黄色，混合模式为差值，加投影（如图 7-9 所示）。

7. 同样的字体，颜色为红色，在黄色背景图层之上写上"ABDUZEEDO"，混合选项选择投影（如图 7-10 所示）。

8. 自定义形状工具，选择对话气泡。颜色使用红色，在气泡中打上文字，选择合适字体。然后将气泡图层和文字图层翻转一定角度（如图 7-11 所示）。

9. 为了使海报更具风格，可使用喷溅笔刷。创建新图层，在黄色字体周围使用喷溅笔刷（如图 7-12 所示）。

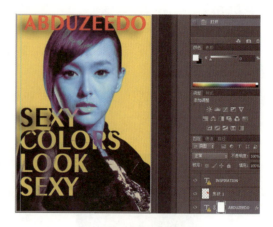

图7-10 加入文字效果

图7-8 调整图像的阴影与高光

图7-11 为海报加入气泡效果

图7-9 加入文字效果

图7-12 海报效果展示

7.2 实例二——海报制作

本案例主要应用图层的合成和色彩的调整，加上素材的应用，来完成海报的制作。

7.2.1 相关工具介绍

在这一节中，我们主要介绍一下图层的混合模式。

首先我们要明确一个概念，即"基色""混合色""结果色"的关系："基色"+"混合色"="结果色"。实际上，"混合模式"就是指"基色"和"混合色"之间的运算方式，在"混合模式"中，每个模式都有其独特的计算公式，主要分为6组。在"混合模式"菜单中，除了"正常"和"溶解"两个较容易理解的模式外，主要分为加深模式组、减淡模式组、对比模式组、比较模式组、色彩模式组以及"背后"模式与"清除"模式这两个稍特殊些的模式（如图7-13所示）。

基色：图片的原有色调（如图7-14所示）。

混合色：在 Photoshop 中加入的 RGB 颜色值（如图7-15所示）。

图7-13 图层混合模式

图7-14 基色

图7-15 混合色

133

正常：此模式下，调整上面图层的不透明度可以使当前图像与底层图像产生混合效果（如图 7-16 所示）。

溶解：此模式配合调整图层的不透明度可创建点状喷雾式的图像效果，不透明度越低，像素点越分散（如图 7-17 所示）。

加深混合：可将两层进行对比，加深的是底层图像。

变暗：该模式只加深比当前混合色图像更亮的区域。比混合色亮的像素被替换，比混合色暗的像素保持不变。与白色混合时不产生变化（如图 7-18 所示）。

正片叠底：在该模式下，除了白色，其他的颜色区域都会变暗。与黑色混合产生黑色，与白色混合保持原貌。

颜色加深：通过增加画面的对比度，来加深深色的区域。与白色混合不产生变化。

线性加深：线性加深相当于正片叠底加颜色加深，主要是通过减小画面的亮度来使图像变暗，与白色混合时不产生变化。

深色：该模式下，会比较两个混合的图层通道，并显示较小的颜色值。

减淡混合：在 Photoshop CS6 中每一种加深模式都有一种完全相反的减淡模式相对应，减淡模式的特点是当前图像中的黑色将会消失，任何比黑色亮的区域都可能加亮底层图像。

变亮：选择两个混合图层中较亮的颜色作为显示的颜色。

滤色：将混合色的互补色与基色复合，结果色总是较亮的颜色。特点是可以使图像产生漂白的效果，滤色模式与正片叠底模式产生的效果相反。用黑色过滤时颜色保持不变，用白色过滤将产生白色。

颜色减淡：通过减小对比度使基色变亮以反映混合色。特点是可加亮底层的图像，同时使颜色变得更加饱和，由于对暗部区域的改变有限，因而可以保持较好的对比度。与黑色混合则不发生变化。

线性减淡：通过增加亮度使基色变亮以反映混合色。它与滤色模式相似，但是可产生更加强烈的对比效果。与黑色混合则不发生变化。

浅色：不会生成第三种颜色，因为它将从基色和混合色中选择最大的通道值来创建结果颜色。同深色模式与变暗模式之间的区别一样，浅色模式同变亮模式原理基本上是一致的，只是区别于是否产生第三种颜色。

对比混合：变暗到浅色等一系列模式在进行混合时，变暗模式有相对应的变亮模式，而颜色加深、线性加深等也有相应的颜色减淡、线性减淡等一一对应，通常针对图像的加深和减淡来作出调整。

叠加：特点是在为底层图像添加颜色时，可保持底层图像的高光和暗调。复合或过滤颜色，具体取决于基色。图案或颜色在现有像素上叠加，同时保留基色的明暗对

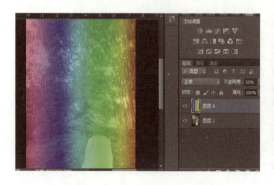

图7-16 图层混合模式-正常

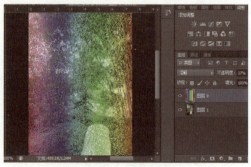

图7-17 图层混合模式-溶解

比。不替换基色，但基色与混合色相混以反映原色的亮度或暗度。

　　柔光：使颜色变亮或变暗，可产生比叠加模式或强光模式更为精细的效果。如果混合色（光源）比 50% 灰色亮，则图像变亮，就像被减淡了一样。如果混合色（光源）比 50% 灰色暗，则图像变暗，就像被加深了一样。用纯黑色或纯白色绘画会产生明显较暗或较亮的区域，但不会产生纯黑色或纯白色（如图 7-19 所示）。

　　强光：特点是可增加图像的对比度，它相当于正片叠底和滤色的组合。此效果与耀眼的聚光灯照在图像上相似。这对于向图像中添加高光和向图像添加暗调非常有用。用纯黑色或纯白色绘画会产生纯黑色或纯白色。

　　亮光：特点是混合后的颜色更为饱和，可使图像产生一种明快感，它相当于颜色减淡和颜色加深的组合。通过增加或减小对比度来加深或减淡颜色。

图7-18 图层混合模式——变暗

图7-19 图层混合模式——柔光

线性光：特点是可使图像产生更高的对比度效果，从而使更多区域变为黑色和白色，它相当于线性减淡和线性加深的组合。通过减小或增加亮度来加深或减淡颜色。

点光：特点是可根据混合色替换颜色，主要用于制作特效，它相当于变亮与变暗模式的组合。如果混合色（光源）比 50% 灰色亮，则替换比混合色暗的像素，而不改变比混合色亮的像素。如果混合色比 50% 灰色暗，则替换比混合色亮的像素，而不改变比混合色暗的像素。

实色混合：特点是可增加颜色的饱和度，使图像产生色调分离的效果。

比较混合：比较混合模式可比较当前图像与底层图像，然后将相同的区域显示为黑色，不同的区域显示为灰度层次或彩色。

差值：混合色中的白色区域会使图像产生反相的效果，而黑色区域则会接近底层图像。原理是从基色中减去混合色，或从混合色中减去基色，具体取决于哪一个颜色的亮度值更大。与白色混合将反转基色值；与黑色混合则不产生变化。

排除：排除模式可比差值模式产生更为柔和的效果。创建一种与差值模式相似但对比度更低的效果。与白色混合将反转基色值。与黑色混合则不发生变化。

减去：基色的数值减去混合色，与差值模式类似，如果混合色与基色相同，那么结果色为黑色。在差值模式下如果混合色为白色那么结果色为黑色，如混合色为黑色那么结果色为基色不变。

划分：基色分割混合色，颜色对比度较强。在划分模式下如果混合色与基色相同则结果色为白色，如混合色为白色则结果色为基色不变，如混合色为黑色则结果色为白色。

色彩混合：色彩的三要素是色相、饱和度和亮度，使用色彩混合模式合成图像时，Photoshop CS6 会将三要素中的一种或两种应用在图像中。

色相：用基色的亮度和饱和度以及混合色的色相创建结果色。该模式可将混合色层的颜色应用到基色层图像中，并保持基色层图像的亮度和饱和度。

饱和度：饱和度模式特点是可使图像的某些区域变为黑白色，该模式可将当前图像的饱和度应用到底层图像中，并保持底层图像的亮度和色相。

颜色：特点是可将当前图像的色相和饱和度应用到底层图像中，并保持底层图像的亮度。可以保留图像中的灰阶，并且对于给单色图像上色和给彩色图像着色都会非常有用。

明度：特点是可将当前图像的亮度应用于底层图像中，并保持底层图像的色相与饱和度。此模式创建与颜色模式相反的效果。

7.2.2 操作步骤

1. 打开一张树林的素材，按 **Ctrl+J** 键复制一层，把图层混合模式改为"柔光"（如图 7-20 所示）。

2. 打开一张人物的图片，用磁性套索工具，设置羽化为 2 像素，消除锯齿、宽度为 10 像素、边对比度 10%，将人物从背景中抠出（如图 7-21 所示）。

图7-20 打开图像，并把图层混合模式改为柔光

图7-21 将人物从背景中抠出

3. 选择移动工具，把人物拖到树林的素材图像里面，按快捷键 Ctrl+D 取消选区，按快捷键 Ctrl+T 调整人物图片的大小（如图7-22 所示）。

4. 按快捷键 Ctrl+B 调整色彩平衡，使人物与背景能更好地融合，参数设置如图7-23 所示。

图7-22 将抠出的人物拖入背景

图7-23 调整人物的色彩平衡

5. 按 Ctrl+J 键复制人物副本并将图层混合模式改为"柔光"，按下 Ctrl 键不要放手，单击人物副本的图层缩略图，将其载入选区。按 Ctrl+Shift+L 键反向，并按下 Ctrl+Alt+D 将羽化设定为 5 像素。将人物层与人物副本层合并，为其加上人物的投影，将投影层移到人物层的下方，更改投影层的图层混合模式为变暗。按 Ctrl+D 键取消选区（如图 7-24 所示）。

6. 选择钢笔工具，勾选选区如图 7-25 所示，设置羽化值为 0。

7. 新建一个图层，选渐变工具，设置颜色值为 #cea24a 和 #ffffff，模式为柔光，不透明度为 50%，设定好后在选出的选框内拉出渐变，将渐变图层的不透明度改为 70%（如图 7-26 所示）。

图7-24 编辑人物图层

图7-25 钢笔勾选选区

图7-26 为选区填充渐变

8. 将渐变图层复制 2 个，按 **Ctrl+T** 键自由变换，调整至合适位置。

调整好后，合并两个渐变副本层，并为其添加图层蒙版，使用画笔工具，确定在蒙版图层，对图像进行修饰。最后调整图层顺序，将渐变副本拖至投影层下方。效果如图7-27 所示。

9. 选一个软边画笔，大小 200 像素，设前景色分别为 #ce4a4a 和 #ce634a，画出如图 7-28 所示的色块。把画好的图层混合模式改为"柔光"（如图 7-29 所示）。

图7-27 调整并复制选区

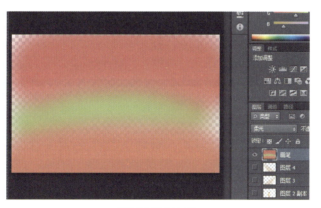

图7-28 绘制色块

图7-29 为色块图层更改图层混合模式为柔光

10. 下载一个蝴蝶翅膀的画笔，载入画笔中，以备使用。这里按照自己的喜好选择蝴蝶翅膀画笔（如图 7-30 所示）。

11. 新建一个图层，将其放入人物图层的下方，然后为人物刷上翅膀，并调整翅膀的大小。在这里刷了两个蝴蝶翅膀，以增加梦幻的效果（如图 7-31 所示）。

图7-30 载入画笔

图7-31 为人物添加翅膀

12. 回到人物图层，按 Ctrl+M 键调出曲线来调整图像，让人物稍亮一些（如图 7-32 所示）。

13. 再下载一个泡泡笔刷，用同样的方法载入画笔中，选择合适的泡泡笔刷在人物周围装饰一下，完成大致的效果。

现在图像的效果基本可以作为摄影工作室的海报使用了（如图 7-33 所示）。

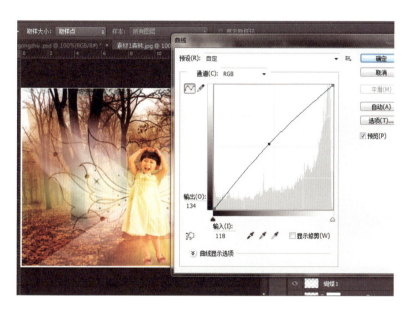

图7-32 对人物进行曲线调整

图7-33 大致效果展示

14. 我们现在处理一下背景，先将背景层与背景层副本合并，将背景层转化为普通图层，并新建一个图层填充为白色，拖至背景层的下方。

现在为背景层添加图层蒙版，使用画笔工具处理成如图 7-34 所示效果。

15. 添加海报的主题文字，文字的字体类型、字号大小可根据具体情况来设定，这里只作为讲述，使用简单的黑体字。最终效果如图 7-35 所示。

图7-34 图片完成效果

图7-35 海报最终效果展示

小 结

　　本章的学习是建立在前几章的基础之上的。在掌握了文字的编辑、图像的处理等基础之后，再加上自己丰富的想象力经过反复的练习，才能创作出好的海报作品，所以在进行海报创作的过程中，建议从浅到深地训练，最后尝试综合应用。

实训练习

　　1. 设计制作一张《×××个人毕业设计展》海报的效果图，要求所有图像元素都必须由学生自己来处理。

　　2. 使用自己的照片处理一张封面海报的效果，要求创意新颖独特，有艺术感染力。

APTER 8

第八章
后期—环艺后期处理

■ **课前目标**

　　本章主要讲述建筑效果图后期处理的应用，Photoshop 对于这方面的处理，常见的有应用前期的图片素材合成的建筑效果图和运用通道来完成最后渲染制作的图。

　　本章是学习如何使用 Photoshop 对具有商业用途的建筑效果图进行后期处理，主要涉及室内、室外和夜环境的处理。

8.1 实例一 ——室内设计效果后期处理

该案例主要讲解使用 Photoshop 如何对室内效果进行后期美化处理，通常我们用 VR 选出来的图会发灰、发暗，光感不是很好，所以在 Photoshop 中的后期处理就很重要。

8.1.1 相关工具介绍

【图层混合模式】前面的综合海报章节已经讲述，在此不再赘述。

【照片滤镜】打开菜单"图像"→"调整"→"照片滤镜"命令，可以为图片改变和校正色温。主要功能就是模拟在照相机的镜头前增加彩色滤镜，镜头会自动过滤掉某些暖色或冷色光，从而达到控制图片色温的效果。

"照片滤镜"的对话框打开后也较为简单，滤镜里有自带的各种颜色滤镜，中间的是颜色，下面的是浓度，用来控制需要增加颜色的浓淡。"保留明度"选项是提示是否保持高光部分，勾选后有利于保持图片的层次感。"照片滤镜"的对话框如图 8-1 所示。

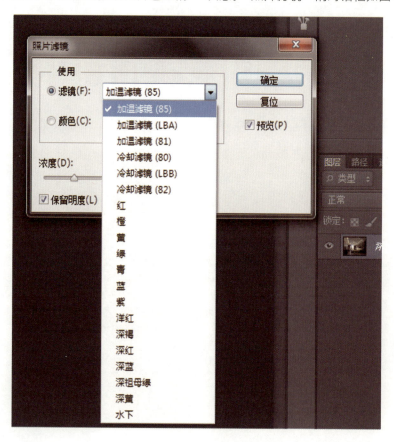

图8-1 照片滤镜

【自由变换】自由变换工具处于菜单"编辑"→"自由变换",其快捷键是 Ctrl+T,主要用来旋转、按比例放大缩小图像以及倾斜、扭曲、透视和变形等工具对图形进行控制。配合三个功能键 Ctrl、Shift、Alt 来使用:Ctrl 键控制自由变化;Shift 键控制方向、角度和等比例放大缩小;Alt 键控制中心对称(如图 8-2 所示)。

图8-2 "自由变换"工具

8.1.2 操作步骤

(1)打开一张做好的室内设计效果图,先来分析一下图片,并从整体入手,将需要处理的地方列出来:画面整体偏暗,墙面有些灰(如图 8-3 所示)。

(2)整体调整,常用的调整方法:饱和度、色阶、曲线和色彩平衡的调整;也可以使用图层模式来进行调整。复制一个背景图层,在背景副本层,使用"图像"→"亮度/对比度"来进行调节。然后,将背景副本的图层混合模式改为"柔光"。设置图层的不透明度为 40%。效果如图 8-4 所示。

图8-3 室内效果图原图

图8-4 背景副本图层混合模式改为柔光

（3）合并背景副本图层和背景层，将其再复制一层，将图层混合模式改为滤色模式，用不透明度来控制亮度的强弱。效果如图 8-5 所示。

（4）可以为画面加入一些窗外的环境光，在这里我们将背景副本层和背景层合并，并再次复制一次，在复制的图层上，使用"图像"→"调整"→"照片滤镜"命令，如图 8-6、图 8-7 所示。

（5）为调整为冷色调的背景副本图层加一个蒙版，前景色和背景色为默认的黑色和白色，使用渐变工具在蒙版上做线性渐变，可以多试几次，然后更改图层的不透明度，观察效果。效果如图 8-8 所示。

图8-5 将再复制的背景层改为滤色模式

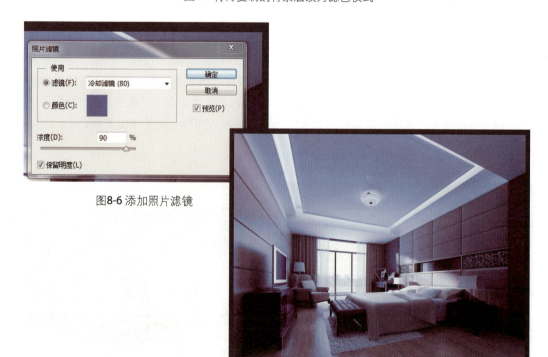

图8-6 添加照片滤镜

图8-7 添加照片滤镜后效果展示

（6）接下来可以做局部的调整了，在这里我们可以为图像加入以下点光源。如果原图像有点光源，我们只需调亮灯光效果即可。灯光效果如图 8-9 所示。

制作时，使用椭圆选框工具，设定椭圆选框工具的羽化值为 10，在需要加点光源的地方拖出一个椭圆选区，设定前景色为白色，按快捷键 Alt+Delete 填充白色。填充完成后，保持选区不要取消，按快捷键 Ctrl+T 对选区里的图像进行调整，调整的过程中，我们需按住 Ctrl 键不要松开，对控制框底部的两个点进行调整。效果如图 8-10 所示。

调整好后，双击进行确定。按快捷键 Ctrl+D，取消选区。现在效果如图 8-11 所示。

再次使用椭圆选框工具，将我们做好的上半部分选中删去，并移动到合适的位置。效果如图 8-12、图 8-13 所示。

图8-8 添加图层蒙版

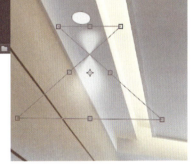

图8-10 灯光效果制作1

图8-9 调整灯光效果

图8-11 灯光效果制作2

（7）另外还可以使用粘贴命令，为电视加入画面贴图。选择一张合适的画面图片，进行全选、复制（快捷键 Ctrl+A、Ctrl+C），选取电视的有效区域，并按 Ctrl+J 键复制一层，使用菜单"编辑"→"选择性粘贴"→"贴入"命令（快捷键为 Alt+Ctrl+Shift+V）进行粘贴。

对贴入的图片进行调光即可。效果如图 8-14 所示。

（8）到这里基本就差不多了，如果还需要细部的调整，可以使用椭圆选框工具，设定羽化值后，进行细部的调整。最终效果如图 8-15 所示。

图8-12 删除不需要的部分并移动

图8-13 灯光效果制作完成

图8-14 为电视做贴图

图8-15 完成效果图

8.2 实例二——室外空间夜环境效果的后期处理

本节实例主要讲述大型建筑的灯光渲染技巧，在完成 3DS MAX 模型制作的基础上进一步对画面进行修饰，将复杂的制图过程简单化和艺术化。内容主要包括 Photoshop 的基础操作、素材的准备和应用、照片的合成及处理、色调的调整方法以及效果图深化完成等。

此案例选择了表现热闹的城市夜景效果，内容丰富且造型多变。夜景图在灯光表现上要做到鲜亮而透气，不能因为是夜晚而显得沉闷灰暗。为了突出表现灯光效果，只要表现出大的结构变化关系，以及所使用的照明方法，如表现出泛光灯、LED 灯、霓虹灯等灯具的照明效果即可，不必交代任何造型上的细节部分，用光来突出建筑的立体感和轮廓线即可。

8.2.1 相关工具介绍

【光照效果】打开菜单"滤镜"→"渲染"→"光照效果"命令，我们可以看到"光照效果"的对话框。这个滤镜是一个设置复杂、功能极强的滤镜，它的主要作用是产生光照效果，通过光源、光色选择、聚焦、定义物体反射特性设定来达到 3D 绘画的效果（如图 8-16 所示）。

在此对话框中，我们可以设定光照效果的类型，包含光源、光照类型、强度、聚焦方式和颜色方块等；也可以设定光泽、材质、曝光度和环境光；还可以设定纹理通道及纹理的高度等。在本例中主要用光照效果来加强环境光，营造晚上的灯光效果。

【盖印图层】盖印图层的原理和合并图层相似，只不过盖印图层不将可视图层合并，只是在所有图层的顶部再覆盖一层，很像我们平时使用的复写纸。

由于盖印图层的特性，是不影响之前处理的单个图层，所以用起来较为方便。

具体操作：按下快捷键 Ctrl+Shift+Alt+E 可以盖印所有可见图层。

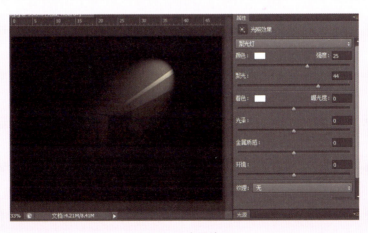

图8-16 光照效果

8.2.2 操作步骤

1. 打开一张由 3DS MAX 模型制作的图像（如图 8-17 所示）。我们考虑建筑的主题部分采用 LED 智能控制技术的高科技照明方法，其他部分使用泛光的照明方法，营造特殊的夜景照明效果。怎样通过光和色的层次来突出建筑的特征，是后期处理时要解决的技巧问题。先用工具箱的套索工具勾选出建筑的轮廓，按快捷键 Ctrl+J 创建新的图层。

使用"滤镜"→"渲染"→"光照效果"，将整个建筑的色彩降暗，参数设置如图 8-18 所示、效果如图 8-19 所示。

大楼的幕墙玻璃可以用同样的方法再设置一盏灯光，使玻璃有一些蓝色渐变的效果。

图8-17 原图

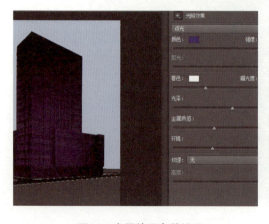

图8-18 光照效果参数设置

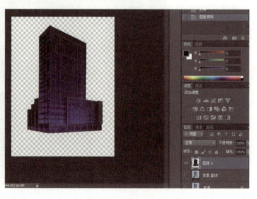

图8-19 光照效果展示

2. 准备一张繁华的城市夜景图、路灯及树木等资料图片备用（如图 8-20 至图 8-22 所示）。

3. 将繁华的城市夜景图、路灯及树木与建筑进行合成；背景自带的繁华景象已经让图像具有夜晚的灯光效果，接着将进行大楼的照明制作（如图 8-23 所示）。

图8-20 夜景展示图像

图8-21 树木

图8-22 路灯

图8-23 为大楼制作夜背景

4. 在制作照明效果时，我们先处理大楼一层的上部空间灯光效果，在这里，选用一张图片对其进行贴图。制作时先选出大楼一层前面的玻璃橱窗，保持选区不变，按快捷键 Ctrl+J 键创建一个新的图层，准备一幅颜色以暖色为主的室内图片，最好是一幅照明效果明显的图片（如图 8-24、图 8-25 所示）。

5. 将图片复制后按快捷键 Alt+Shift+Ctrl+V 将其粘贴在玻璃的选框中，再按快捷键 Ctrl+T 编辑图像的比例，以适合室内环境的尺度。图片在完成粘贴后如亮度不够，可调整亮度对比度（如图 8-26 所示）。

图8-24 勾选大楼底部选区

图8-25 为橱窗制作准备图片

图8-26 制作大楼橱窗

6. 用套索工具勾选中间区域的局部，用来制作幻光灯源，单击工具条上的色彩方块，将前景色设为绿色（3af906），背景色设为黑色，将前面的选择框设置一个新图层以便修饰。

制作流动光源区，从工具条选渐变、线性渐变，从上往下拉动并观察效果的变化。由于 LED 灯光是一种可随意控制的"动态光源"，所以制作时要表现出它的动感和光感（如图 8-27 所示）。

注意：练习时注意选择纯度高的色彩，以区别于其他的灯光，使之成为画面的亮点。

7. 将工具条上的前景色和背景色分别设为黑、白二色，用同样的方法，使用渐变工具将两边制作出灯光的变化效果，放置在中间 LED 灯两侧（如图 8-28 所示）。

8. 用多边形套索工具勾选大楼的外轮廓，进行描边，做出大楼外观的灯光效果，我们使用蓝色画笔工具制作出来大楼的轮廓灯光，画笔参数及色彩的选项设定为：主直径 4 像素、硬度 0%、颜色值 10dff。

描边完成后将不需要的部分，使用硬度为 0 的橡皮擦工具擦掉（如图 8-29 所示）。

图8-27 流动光源制作1

图8-28 流动光源制作2

图8-29 制作大楼外轮廓灯光效果

9. 制作大楼顶部的字体。使用字体工具在大楼顶部输入白色字体 dashanghai，并为其加入外发光和投影效果（如图 8-30 所示）。

10. 制作大楼外的 LED 屏，选择一张有合适光感的图像，裁切为大小合适的图片，拖至屏幕框内，使用快捷键 Ctrl+T 自由变换工具，并结合使用 Ctrl 键，将图片合适地放在屏幕框内（如图 8-31 所示）。

在 LED 屏的上方，输入大厦的名字或标识，在这里我们输入"大上海"，并为文字加入图层效果，此处加入斜面浮雕、外发光和投影（如图 8-32 所示）。

11. 现在装饰路灯与路面，使图像的前景变得内容丰富，置入人物、盆景等，并加入汽车配景，根据人物的比例控制它的尺度，这是较容易掌握的方法（如图 8-33 所示）。

图8-30 大楼顶部字体的制作

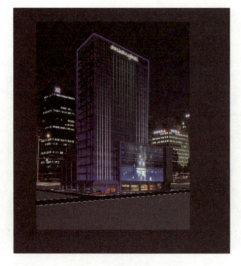

图8-31 LED屏制作

图8-32 制作大厦的名字

12. 把前面准备好的树木、汽车等加入画面，做最后的修饰。最后调色调很关键，前面的景物用色彩平衡加点暖色，天空的顶部试着适当加深，可使灯光效果更加明显，对一些细部的深化修饰也会使画面效果增色不少（如图 8-34 所示）。

13. 最后使用快捷键 Shift+Ctrl+Alt+E 盖印一层，调整画面整体的色调关系，效果如图 8-35 所示。

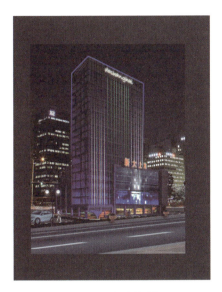

图8-33 加入配景

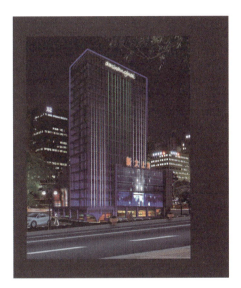

图8-34 添入前景树木

图8-35 最终效果展示

8.3 实例三 ——效果图夜景照明效果处理

通常我们用 3D 和 VR 渲染的效果图都会发灰，主要的原因是对比度和色相纯度不够，最终都需要通过 Photoshop 的后期润色才能变得较为理想。在这里就讲解一下效果图的后期润色处理。在此案例中，主要是使用渲染后的效果图和通道图进行快速准确的选区并操作。

8.3.1 相关工具介绍

1.【曲线】选择"图像"→"调整"→"曲线"，可以打开"曲线"的控制面板，或是按下快捷键 Ctrl+M（如图 8-36 所示）。"曲线"控制面板的各参数选项如下：

A. 编辑点以修改曲线

B. 通过绘制来修改曲线

C. 设置黑场

D. 设置灰场

E. 设置白场

F. 白场和黑场滑块

G. 曲线下拉菜单

H. 黑场吸管

I. 灰场吸管

J. 白场吸管

K. 显示修剪

具体操作在实例中将会详细讲解。

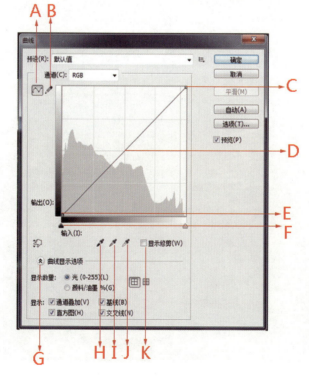

图8-36 "曲线"控制面板

2.【色阶】选择"图像"→"调整"→"色阶"或是按下快捷键"Ctrl+L",可以打开"色阶"的控制面板（如图 8-37 所示）。

输入色阶：图像修改前的色阶数值。

输出色阶：图像经过修改后的色阶数值。

0-255：代表 256 色，从 0~255，0 代表黑场，128 代表灰场的中间值，255 是白场。0~85 为暗部控制区，86~170 为中部，171~255 为高光控制部分。

3.【USM 锐化】选择"滤镜"→"锐化"→"USM 锐化"，可以打开其对话框（如图 8-38 所示）。

数量：控制锐化效果的强度。

半径：用来决定做边缘强调的像素点的宽度。如果半径值为 1，则从亮到暗的整个宽度是两个像素；如果半径值是 2，则边缘两边各有两个像素点，那么从亮到暗的整个宽度是 4 个像素。半径越大，细节的差别就越清晰，但同时会产生光晕。

图8-37 "色阶"控制面板

阈值：决定多大反差的相邻像素边界可以被锐化处理，而低于此反差值就不做锐化。阈值的设置是避免因锐化处理而导致的斑点和麻点等问题的关键参数，正确设置后就可以使图像既保持平滑的自然色调的完美，又可以对变化细节的反差做出强调。

图8-38 "USM锐化"对话框

8.3.2 操作步骤

1. 在 Photoshop 中打开要处理的效果图原图和与其相对应所渲染的通道图（如图8-39、图 8-40 所示）。

2. 按 Shift 键，使用移动工具，把通道图拖至效果图中，图层显示时，在背景层上覆盖了图层 1（内容即是通道图）。按键盘上的数字键，如这里按"5"，图层 1（通道图）的"不透明度"为 50%，这样通过一定的透明度调节可以检查两个图层是否重合在了一起，检查完后需要按"0"，将不透明度仍改回 100%（如图 8-41 所示）。

图8-39 效果图原图

图8-40 渲染的通道图

图8-41 通道层移动后的效果

3. 选择图层面板最下边的背景图层，按快捷键 Ctrl+J 复制一个图层，并调整图层顺序，将其拖至"图层 1"的上方，并命名为"效果图 副本"，以后的效果将在此图层上进行修改处理（如图 8-42 所示）。

4. 从这里开始，我们将利用通道图层，遵照先大后小、先整体后局部的原则，对效果图各个部分的受光对比度和色相进行相应调整。先整体调整明度、对比度和色相。

保持"效果图 副本"图层为当前选择图层，按快捷键 Ctrl+M 打开"曲线"面板，先调整体明度对比度，具体调整方法如图 8-43 所示，注意调整幅度不可过大。

5. 按快捷键 Ctrl+L 打开"色阶"面板，整体调整色阶，把白场滑块向左移动，同时把黑场滑块向右移动，调整到满意为止（如图 8-44 所示）。

图8-42 调整图层顺序并命名

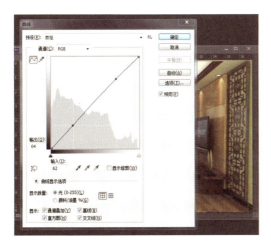

图8-43 效果图副本的整体曲线调节

图8-44 效果图副本的整体色阶调节

6. 接下来将进行局部调整，主要用的命令还是"曲线"和"色阶"。一般遵循先整体后局部的原则，这里从地面开始。在图层面板中选图层 1（即通道图），使用"魔棒"工具，按 Shift 键，以加选的方式选择地面部分包括地板和地砖（如图 8-45、图 8-46 所示）。

图8-45 在通道层使用魔棒工具进行选区

图8-46 回到效果图副本图层选区效果展示

7. 选择完成后，在图层面板，切换为"效果图 副本"图层为当前作用图层。按快捷键 Ctrl+M，如图 8-47 所示，调整地板的亮部更亮，暗部更暗，目的是让暗部和亮部拉开对比。（不是所有面的调节都是这样，有时只需调节亮面，有时只需调节暗面，要依据具体的情况而定。）效果如图 8-48 所示。

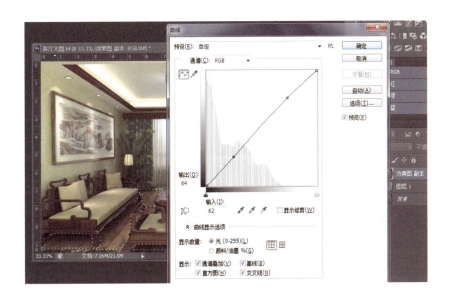

图8-47 效果图副本的地板曲线局部调整

图8-48 效果图副本的地板曲线局部调整效果

8. 按快捷键 Ctrl+L 调整色阶，一般情况下高光滑块调节相比暗部滑块要稍微多一些，暗部滑块有时可以不做调节，特别是感觉暗部的受光不是很好的情况下（如图 8-49 所示）。

9. 接下来如左右面墙、沙发、茶几等

的调节方法都一样，最好调节完各个大的墙面后，从近处开始直到饰品都进行耐心的调节，遇到受光不好的暗部还可以适当调节"色阶"的中间滑块（如图 8-50 所示）。

图8-49 效果图副本的地板色阶局部调整效果

图8-50 受光不好的暗部调整

10. 整体到局部的"曲线"和"色阶"都调整完成后,如果想再调整整体色调可以执行"图像"→"调整"中的"色彩平衡"(如图 8-51、图 8-52 所示),进行色彩平衡的设置,可以使整体效果稍微偏冷一点。

图8-51 效果图副本的色彩平衡调节

图8-52 效果图副本的色彩平衡调节效果展示

11. 我们再给效果图加一个锐化处理。具体步骤为："滤镜"→"锐化"→"USM 锐化"，具体数值设定如图 8-53 所示。数值的设定依据实际图像的情况进行调节。

12. 最终调节的效果和原图对比如图 8-54、图 8-55 所示。

图8-53 锐化处理效果

图8-54 效果图原图

图8-55 最终效果

小 结

　　通过本章的学习，熟练掌握 Photoshop 处理虚拟实物图的操作，在处理的过程中注意灯光的渲染和细节的调整，应该强化效果图所表现出来的真实性。

实训练习

1. 熟练使用通道图快速地进行选区操作。
2. 尝试用通道图结合效果图来处理一张室内效果图。
3. 如何将一张效果图处理成夜环境下的效果？

APTER 9

第九章
动作动画设计

■课前目标

　　本章主要介绍动作面板和动画面板，动作面板的使用可以快速地实现一些效果，尤其是在处理 TGA 序列图片时，能大大地减少工作量；动画面板学习和掌握能够制作一些网站上和其他媒体平台上运用的 GIF 动画，可以丰富视觉效果。

9.1 动作面板的介绍

Photoshop 的"动作"是用一个动作代替了许多步的操作，使执行任务自动化，这为设计者在进行图像处理的操作上带来很多方便。同时用户还可以通过记录并保存一系列的操作来创建和使用动作，以方便日后可直接从动作面板中调出运用。批量转换格式就是先将转换一个图片格式的过程利用动作面板记录下来，然后再利用其批量处理的功能简化操作。下面就是 Photoshop 动作面板的详解。

动作面板有默认动作组，可以新建动作组，右上角三角标志展开后是面板选项菜单，面板下方按钮依次为停止、记录、播放、创建新组、创建新动作、删除（如图 9-1 所示）。

运行 Photoshop，执行"窗口"→"动作"命令，调出动作面板，也可以按 Alt+F9 键调出动作面板。

动作组：类似文件夹，用来组织一个或多个动作。

动作：一般会起比较容易记忆的名字，单击名字左侧的小三角可展开该动作。

动作步骤：动作中每一个单独的操作步骤，展开后会出现相应的参数细节。

复选标记：黑色对勾代表该组、动作或步骤可用。而红色对勾代表不可用。

动画模式控制图标：如为黑色，那么在每个启动的对话框或者对应一个按回车键选择的步骤中都包括一个暂停。如为红色，代表这里至少有一个暂停等待输入的步骤。

面板选项菜单：包含与动作相关的多个菜单项，提供更丰富的设置内容。

停止：单击后停止记录或播放。

记录：单击即可开始记录，红色凹陷状态表示记录正在进行中。

播放：单击即可运行选中的动作。

创建新组：单击创建一个新组，用来组织单个或多个动作。

创建新动作：单击创建一个新动作的名称、快捷键等，并且同样具有录制功能。

删除：删除一个或多个动作或组（如图 9-2 所示）。

图9-1 动作面板功能区

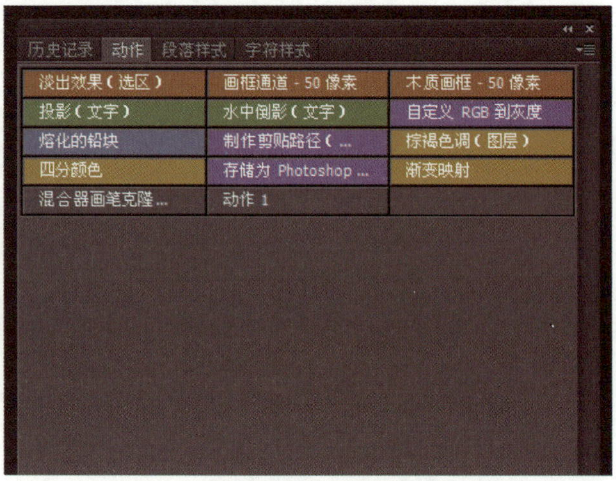

图9-2 动作面板按钮模式

如从面板的选项菜单中选择"按钮模式",可将每个动作以按钮状态显示,这样可以在有限的空间中列出更多的动作,以简单明了的方式呈现,如图9-2所示。同样的菜单位置可取消该功能。

动作面板的其他操作,以下均为调色选项中的菜单项。回放选项:含有执行动作的三种方式。① 加速:正常执行,你看不到Photoshop每一步操作的结果。②逐步:Photoshop将显示每一步操作的结果。③暂停:可以选择每个步骤之间间隔你所设定的时间(如图9-3所示)。

存储动作:如果需要重装Photoshop后动作依然存在,那就需要备份动作。动作默认存储的路径为Photoshop CS6:

Adobe\Photoshop CS6\ 预置 \Photoshop 动作 Adobe\PhotoshopCS6\Portable\Presets\Actions(如图9-4所示)。

载入动作:从网上下载外部动作(或通过其他方式),先复制到以上路径中。然后点击面板选项菜单"载入动作"。(动作扩展名:*.ATN)

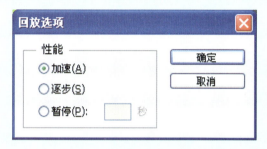

图9-3 动作面板中回放选项

图9-4 计算机中"动作"存储截图

9.2 记录动作与批处理

下面我们用一个实例练习一下动作和批处理功能,如我们出去拍摄了一组照片,首先每张照片都需要顺时针旋转90度才可得到正视图,另外光线不是很好,需要补充一下整体光感和对比度,每张照片手动调节费时费力,现在我们用动作和批处理面板试验一下。

首先,打开其中一张照片,打开动作面板,创建新动作,单击"记录"(记住现在每做一步都会记录下来)(如图9-5所示)。

图9-5 新建动作面板

调节命令完成之后，单击"停止记录"按钮，动作面板会记录刚才的操作步骤（如图9-6、图9-7所示）。

展开前面三角会显示刚才调节的详细信息，假如刚才记录动作过程中误操作了，可以把前面的勾选去掉，动作播放时就不会体现错误动作。

下面就可以进行批处理了，"文件"→"自动"→"批处理"（如图9-8所示）。

打开后，如果你的动作面板只有一个组，一个动作，播放选项不需要更改，要是较多则根据自己的需要选取。目标源点选择找到你要批处理的文件路径，下面的选项根据自己的需要勾选，设置完成后单击"确定"按钮，批处理就开始安装自己刚才的设定开始工作了（如图9-9所示）。

图9-6 动作记录1

图9-7 动作记录2

图9-8 批处理选项

图9-9 批处理面板设置

9.3 GIF 动画制作

Photoshop 制作动画不是在新版本才出现，在早期版本中动画在自带软件 ImageReady 中，我们看到的很多 GIF 动画和 QQ 表情都是出自 Photoshop。我们先看

一下怎样单独使用 Photoshop 制作 GIF 动画，现在我们一起制作一个三字经灯展动画，效果如图 9-10 所示。

第一步，首先按照要求制作完三字经灯展模板，这个图示我们按照前几章学习下来应该是不成问题的，我们现在开始制作三字经的闪光。

第二步，复制出三字经闪光字体的图层，要是闪光的颜色多一些，就需要多复制几层字体（如图 9-11 所示）。

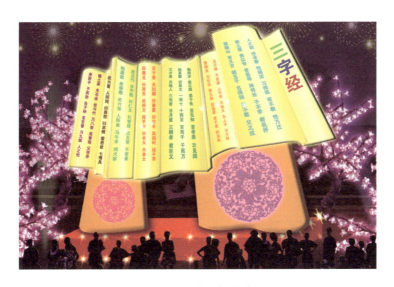

图9-10 三字经灯展动画

我们现在制作的是三色闪光，所以分别复制了三个图层副本。

第三步，打开时间轴面板，之前版本叫作动作面板（如图 9-12 所示）。

时间轴面板从左至右第一个按钮为转换为视频时间轴按钮，转换完后为此效果，如果你使用过视频编辑软件，那这个界面应该是很熟悉的 。下一个按钮为循环播放次数按钮，默认为一次、三次、永远和自定义。中间选框条为播放控制区，分别为旋转第一帧、上一帧、下一帧、最后一帧按钮。后面按钮为复制所选帧和删除所选帧按钮（如图 9-13 所示）。

第四步，现在时间轴上根据需要复制三帧画面，选择第一帧，把初始画面的图层预览按钮打开，关闭不需要的图层预览（如图 9-14 所示）。

第五步，选择时间轴上第二帧，选中图层中图层 3、4、5、6、7 的副本，分别执行"色相／饱和度"命令，更改其色相使其颜色发

图9-11 三字经文字图层

生变化，关闭图层 3、4、5、6、7 图层预览，开启图层 3、4、5、6、7 图层副本预览；然后选择第三帧，执行上一步操作，执行完后可以打开时间轴播放按钮看一下效果（如图 9-15 所示）。

输出 GIF 动画你会发现"存储"和"存储为"选项没有 GIF 格式，选择"存储为 WEB 所用格式"（如图 9-16 所示）。

根据自己的需求选择输出效果。

图9-12 时间轴面板

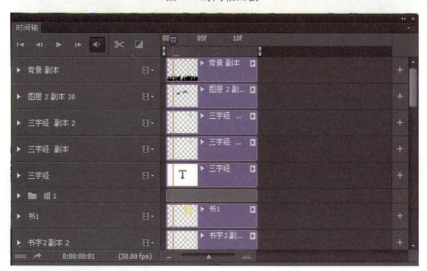

图9-13 时间轴转换视图后显示

图9-14 图层面板设置1   图9-15 图层面板设置2

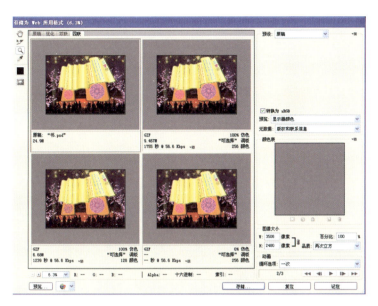

图9-16 输出存储设置

小 结

　　本章节对动画面板进行讲解，目前有很多的动画制作软件，Photoshop 软件虽然不是专业的动画制作软件，但在 GIF 动画制作处理上有自己的独到之处，并在其 CS6 版本中进行了改进，更加适合动画的制作窗口，使动画制作更加方便、快捷，章节引用作者在元宵灯盏制作动态效果图的一个案例，通过这一案例读者可明白 GIF 动画在 Photoshop 中的操作原理，在此基础上激发灵感创作出更好的 GIF 动画。

实训练习

1. 自己制作一个动作并储存在计算机上。
2. 用动画面板制作一个 GIF 动画。

CH

PTER 10

第十章
插画设计绘制

■ **课前目标**

　　插画是什么？顾名思义，就是给图书的文字搭配一些适合的图片，让枯燥的文字看起来更生动，同时也更容易理解，插画属于插图的一部分。在现代设计领域中，插画设计可以说是最具有表现意味的，它与绘画艺术有着亲近的血缘关系。

10.1 插画概述

插画艺术的许多表现技法都是借鉴了绘画艺术的表现技法。插画艺术与绘画艺术的联姻使得前者无论是在表现技法多样性的探求，或是在设计主题表现的深度和广度方面，都有着长足的进步，展示出更加独特的艺术魅力，从而更具表现力。Maxfield Parrish 是 20 世纪美国最有影响力的插图家之一，带画笔的商人——这是他对自己的描述。作为市场的宠儿，他画过书籍插画、杂志封面、广告月历、海报等。在 20 世纪 20 年代，作为当时最有名的艺术家，几乎每四个美国家庭中，就有一家拥有他的画作的复制品（如图 10-1、图 10-2 所示）。

单纯地给书籍或者其他形式的出版物搭配图片而起到延伸文字魅力的功能仅仅是对插图的传统理解，而现代插图，早就已经突破了这样单纯的理解，广泛的运用领域、多样的表现形式、多层次的人才定位等诸多方面都凸显了插画的现代意义。

插画应用范围非常广泛，主要有以下方面。

（1）出版物。书籍的封面、书籍的内页、书籍的外包装、书籍的内容辅助等所使用的插画（如图 10-3、图 10-4 所示），包括报纸、杂志等编辑上所使用的插画。

（2）商业宣传。

广告类：包括报纸广告、杂志广告、招牌、海报、宣传单、电视广告中所使用的插画（如图 10-5、图 10-6 所示）。

商业形象设计：商品标志与企业形象（吉祥物）（如图 10-7 所示）。

商品包装设计：包装设计及说明图解——消费指导、商品说明、使用说明书、图表、目录等（如图 10-8 所示）。

图10-1 Maxfield Parrish作品1

图10-2 Maxfield Parrish作品2

图10-3 杂志封面1

图10-4 杂志封面2

图10-5 电影海报

图10-6 公益宣传插画

图10-7 奥运会吉祥物

图10-8 香烟包装插图

10.2 照片处理成黑白插画形式

1. 用 Photoshop CS6 打开素材图片（如图 10-9 所示）。

图10-9 原始素材

2. 添加一个色阶调整层，给图片加亮。目的是使暗部细节充分显示出来，然后合并图层（如图 10-10 所示）。

3. 按快捷键 Ctrl+J 复制一个图层。利用快捷键是提高调整速度的最好办法，经常用就会记住。

4. 给复制的图层执行去色（Ctrl+Shift+U）（如图 10-11 所示）。

5. 按 Ctrl+J 再复制一层去色的图层，执行"图像"→"调整"→"反相"（Ctrl+L）（如图 10-12 所示）。

6. 执行"滤镜"→"其他"→"最小值"，数值为1，修改图层1副本的图层模式为"线性减淡（添加）"（如图 10-13、图 10-14 所示）。

7. 现在得到一张黑白线稿，合并可见图层，如果线稿多余杂线过多，可以用白色的画笔或者橡皮擦工具擦除，以增加对比。

图10-10 图层面板色阶选项

图10-11 去色后效果

图10-12 执行"反相"命令后效果

图10-13 最小值设定

图10-14 执行完后的效果

10.3 插画绘制可爱兔子

1. 新建文件：首先第一步就是打开 Photoshop，新建文件，一般我们是设定 300 像素 / 英寸的分辨率、国际标准纸张 A4 大小的页面文件，"颜色模式"一般是 RGB 或者 CMYK（如图 10-15 所示）。

在建立好的页面里新建图层。新建图层，我们尽量多分图层绘制，以方便修改和节省时间（如图 10-16 所示）。

2. 草稿绘制：起草稿要先在脑海中构思整个画面想要表达什么，这幅画想要绘制充满可爱表情的卡通小兔子。构思好画面后就在新建图层里绘制，我们绘制出的这张粗略的草稿，画出大概的构图，小兔子的动态姿势。这是第一步的草图，接下来我们还会在后面的绘制过程中调整（如图 10-17 所示）。

初步草稿完成后，降低图层透明度，作为辅助，新建图层，在新建的图层进一步绘制（如图 10-18 所示）。

图10-15 新建文档设定

图10-16 新建图层

图10-17 草图绘制

图10-18 图层面板设置

3. 草稿细化：在上一步的基础上，另建新图层，开始继续勾画细节，根据人物的动态画出服装头饰，勾画出较为详细的草稿（如图10-19所示）。

绘制头发及五官时，首先降低上一步骤草稿图层透明度，然后新建图层，在新建的图层开始画线稿。

先来绘制小兔子。头发、可爱的五官和精致的饰品是一幅画的主要看点。头发一般是最复杂却最需要精细刻画的地方，需要单独重点细画，注意头发的立体感和每一缕发丝的叠压关系，饰品需要注意表现体积感和厚度。绘制笔刷我们用的是3号硬笔，这样刻画出来的线条干净利落（如图10-20所示）。

看一下整体效果（如图10-21所示）。

4. 皮肤上色：上色时我们首先在线稿的下面新建图层，用魔棒工具选中皮肤的范围，这时会出现像蚂蚁一样会移动的选区范围。使用油漆桶填充皮肤的颜色，然后按Ctrl+D键取消选区，再锁定图层，快捷键是问号键。这时需要我们做出脸部细节的明暗关系，根据光线的方向，画出头发、眼窝、鼻子以及脖颈处的阴影，要注意整体与局部的关系效果，遵循这个原则画出皮肤的阴影，往往两头虚的画笔容易绘制这样的效果（如图10-22、图10-23所示）。

图10-21 整体效果

图10-19 草图的细化

图10-22 画笔选择

图10-20 深入绘制后效果

图10-23 面部绘制结果

5. 刻画眼睛：俗话说眼睛是心灵的窗口，画面中眼睛一定要灵动才能体现心灵的美，所以要把眼睛画得美美的。

首先，新建图层画出眼睛的固有色，选择比固有色深一些的颜色画瞳孔和眼睛周围的暗色，这时可以选择加深工具来画出上眼睑的阴影，眼睛想要画出透亮的感觉，需要较强的色彩对比。减淡工具不仅能改变颜色的明度，还能改变颜色的饱和度。用减淡工具提亮瞳孔周围，使眼睛更加清透，点上高光，完美效果如图 10-24 所示。

6. 头发上色：首先用魔棒工具选中头发的范围，填充合适的颜色。根据光线来源的方向，在处理明暗关系的时候，要在遵循明暗原则的基础上进行刻画。头发的层次非常丰富，也可以根据画面的需求增加一到两个色系接近的颜色，然后根据深浅变化的不同来体现头发的丰富的层次，最后加上高光。高光的位置要遵循头部的基本形态，把头部圆球体的形态体现出来，多余的可以用全虚的橡皮擦工具擦去（如图 10-25 所示）。

图10-24 绘制好的眼睛

图10-25 绘制好的头发

7. 绘制衣服时选用比衣服重一号的颜色作为衣服的阴影,在已锁定的图层上直接绘制。注意层次感,画出服装的受光和反光,并提出高光。要体现出丝质裙子的质感,高光就画柔和点(如图 10-26 所示)。

8. 用蒙版遮罩起来,最后调整图层属性为"正片叠底"。这样贴图就完成了,效果如图 10-27 所示。

图10-26 绘制好的衣服

图10-27 加完纹理后的效果

小 结

本章对插画的发展进行了简要的概述,运用实例照片转线稿和插画绘制,照片转线稿的操作在制作一些图例的时候可以快捷地完成所需效果,插画绘制简单地阐述了插画绘制的过程,并对笔刷的设置进行了概述,这一简单的案例使读者熟知插画绘制过程,读者对插画绘制想有进一步的提升,需要查阅互联网资源或者购买专门的插画绘制书籍,以在此领域有更大的提升和发展。

实训练习

1. 找一张自己的照片进行转描为黑白线稿,并进行上色,制作一张自画像插画。

2. 设计一 Q 版人物形象,并进行上色训练。

第十一章

Photoshop CS6新功能

■ **课前目标**

本章节对 Photoshop CS6 新功能进行了综合的论述，从界面到基本功能、印刷技术、摄影技术、动画编辑这些专区进行细致分析，通过整体的分析和对老版本的对比，可以增强读者操作的便捷性。

11.1 新功能概述

2012 年 4 月 24 日，Adobe 发布了 Photoshop CS6[2] 的正式版，在 CS6 中整合了其 Adobe 专有的 Mercury 图像引擎，通过显卡核心 GPU 提供了强悍的图片编辑能力。Content-Aware Patch 帮助用户更加轻松方便地选取区域，方便用户进行抠图等操作。Blur Gallery 可以允许用户在图片和文件内容上进行渲染模糊特效。Intuitive Video Creation 提供了一种全新的视频操作体验。Photoshop CS6 主要进行了如下功能改进。

最新功能改进

1. 内容识别修补

利用内容识别修补能够更好地控制图像修补，让您选择样本区，供内容识别功能来创建修补填充效果。

2.Mercury 图形引擎

借助液化和操控变形等主要工具进行编辑、创建 3D 图稿和处理绘景以及其他大文件时能够即时查看效果。

3.3D 性能提升

在整个 3D 工作流程中体验增强的性能。借助 Mercury 图形引擎，可在所有编辑模式中查看阴影和反射，在 Adobe RayTrace 模式中快速地进行最终渲染工作。

4.3D 控制功能任您使用

使用大幅简化的用户界面直观地创建 3D 图稿。使用内容相关及画布上的控件来控制框架以产生 3D 凸出效果、更改场景和对象方向以及编辑光线等。

5. 全新和改良的设计工具

更快地创作出出色的设计。应用类型样式以产生一致的格式、使用矢量涂层应用笔画并将渐变添加至矢量目标，创建自定义笔画和虚线，快速搜索图层等。

6. 全新的 Blur Gallery

使用简单的界面，借助图像上的控件快速创建照片模糊效果。

7. 全新的裁剪工具

使用全新的非破坏性裁剪工具快速精确地裁剪图像。在画布上控制您的图像，并借助 Mercury 图形引擎实时查看调整结果。

8. 现代化用户界面

使用全新典雅的 Photoshop 界面，深色背景的选项可凸显您的图像，为数百项设计改进提供更顺畅、更一致的编辑体验。

9. 全新的反射与可拖曳阴影效果

在地面上添加和加强阴影与反射效果，快速呈现 3D 逼真效果。拖曳阴影以重新调整光源位置，并轻松编辑地面反射、阴影和其他效果。

10. 直观的视频制作

运用 Photoshop CS6 的强大功能来编辑您的视频素材。使用您熟悉的各种 Photoshop CS6 工具轻松修饰视频剪辑，并使用直观的视频工具集来制作视频。

11. 后台存储

即使在后台存储大型的 Photoshop 文件，也能同时让您继续工作——改善性能以协助提高您的工作效率。

11.2 基本功能区

一、主界面变化

1. 颜色主题：用户可以自行选择界面的颜色主题，暗灰色的主题使界面更显高雅（如图 11-1 所示）。

图11-1 "首选项"面板

2. 上下文提示：在绘制或调整选区、路径等矢量对象，以及调整画笔的大小、硬度、不透明度时，将会显示相应的提示信息（如图 11-2 所示）。

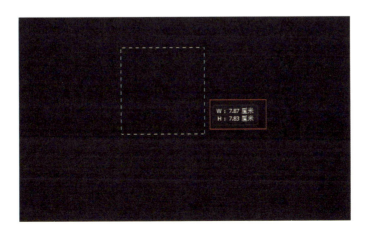

图11-2 上下文提示

可以通过修改界面设定是否显示该信息以及信息相对于光标的方位（如图 11-3 所示）。

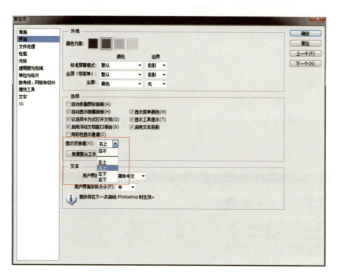

图11-3 更改光标位置

3. 文本投影（如图 11-4 所示）：此功能针对工具选项栏中的文字以及标尺上的数字有效，并且只有在亮灰色的颜色主题时才较为明显。需要指出的是，添加的文字阴影并不是黑色的，而是白色的，相当于黑色的文字加上了一个白色的阴影，总体感觉反而刺眼，所以效果并不好。

4. 清理了旧版中主菜单右侧的一些冗余选项，使主界面更显简洁。新旧界面的对比如图 11-5、图 11-6 所示。

旧版的窗口布局选择控件非常合理地移到了"窗口"→"排列"命令中；屏幕模式选择控件又回到了它诞生的地方——工具箱；工作区选择控件移到了选项栏的最右侧；其余的启动 BR、启动 MB、显示比例以及 CS Live 等控件一并予以删除。

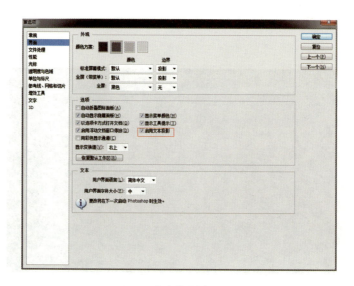

图11-4 文本投影选项

图11-5 旧版本界面

图11-6 新版本界面

5. 旧版中的"分析"菜单降级为"图像"菜单中的一个命令，取而代之的是"文字"菜单，可见此次升级对印刷设计的重视（如图11-7所示）。

二、文件自动备份

这一功能可以说是非常具有实用性，该功能的有关细节情况如下（如图11-8所示）：

1. 后台保存，不影响前台的正常操作。

2. 保存位置：在第一个暂存盘目录中将自动创建一个 PSAutoRecover 文件夹，备份文件便保存在此文件夹中。

3. 当前文件正常关闭时将自动删除相应的备份文件；当前文件非正常关闭时备份文件将会保留，并在下一次启动 Photoshop 后自动打开。

三、图层的改进

1. 图层组的内涵发生了质的变化。

图层组在概念上不再只是一个容器，具有了普通图层的常规意义。

旧版中的图层组只能设置混合模式和不透明度，新版中的图层组可以像普通图层一样设置样式、填充不透明度、混合颜色带以及其他高级混合选项。新旧版双击图层组打开的设置面板差异之大令人惊讶（如图11-9至图11-11所示）。

在 Photoshop 内核功能升级空间越来越小的情况下，这一功能具有极其重要的意义。

图11-7 新版本分析命令

图11-8 文件自动备份选项

图11-9 图层组面板

图11-10 图层组的图层样式设置

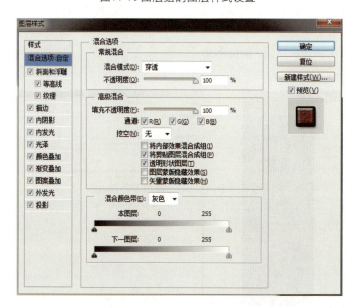

图11-11 图层组图层样式参数设置

2.图层效果的排列顺序发生了变化。

旧版面板中图层效果的排列顺序与实际应用效果的排列顺序有所不同，光泽效果如图 11-12 所示。

新版中各效果的排列顺序与旧版相比有较大不同，而且图层样式面板中效果的排列顺序与图层调板中实际的排列顺序完全一致。

3.图层调板中新增了图层过滤器（如图 11-13 所示）。

与此对应，"选择"菜单中增加了"查找图层"命令，本质上就是根据图层的名称来过滤图层（如图 11-14 所示）。

4.图层调板中各种类型的图层缩略图有了较大改变（如图 11-15 所示）。

形状图层的缩略图变化最大，而且矩形、圆角矩形、椭圆、多边形的名称也直接使用具体的名称，只有直线工具以及自定义形状工具仍然使用传统的"形状 1"等命名。图层组的标识在展开和折叠时不同。选择某个图层或图层蒙版的指示标识采用了更为突出的角线，而不再是以往不易识别的细框线。Alt 键设置剪贴蒙版的图标也更加形象直观。

图11-12 图层效果排序

图11-13 图层过滤器

图11-14 选择面板中的查找图层

图11-15 图层缩略图

四、插值方式

1. 新增加了一种插值方式——自动两次立方（如图 11-16 所示）。

2. 对插值方式的控制机制进行了调整。

Photoshop 中有两处地方需要插值，一是调整图像大小，二是变换。旧版中调整图像大小的插值方法选择在"图像大小"对话框中进行选择，而变换中的插值方式则只能由首选项中的相应控件来控制。

新版中，变换命令的选项中也设置了插值方式的选择控件，而不再受制于首选项中的插值方式（如图 11-17 所示）。

由于新版中新增了"透视裁切"工具，而透视裁切同样需要进行插值，因此，首选项中的插值方式事实上只影响该工具。

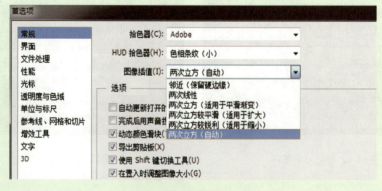

图11-16 图像插值方式

图11-17 变换命令中的插值方式

五、HUD功能继续演绎之旅

CS4 中引入了 HUD 功能用来实时改变画笔类工具的大小和硬度，具体来讲，Alt 改变画笔大小，Shift 改变画笔的硬度。

CS5 中引入了 HUD 拾色器，按键分配进行了调整，具体是 Alt 水平移动改变画笔大小，垂直移动改变画笔硬度，Shift+Alt 弹出 HUD 拾色器。

CS6 中又增加了垂直拖动默认改变画笔

不透明度的功能，如果仍然需要保持旧版垂直拖动改变画笔硬度的功能，则可以通过首选项中的相关选项切换（如图 11-18 所示）。

这里需要指出的是，画笔类工具的不透明度不单纯是指不透明度，还包括模糊、锐化、涂抹工具的强度，加深、减淡工具的曝光度，海绵工具的流量，等等。或许正因为改变不透明度的适用范围更广，才将其设置为默认。

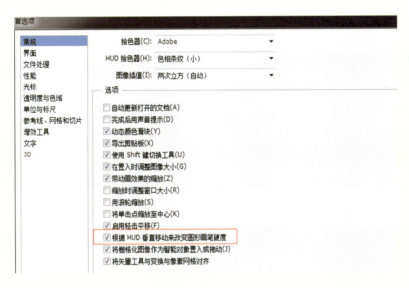

图11-18 HUD改变画笔硬度

11.3 摄影绘画区

一、内容感知技术在延展

继 CS4 的"内容感知缩放"，CS5 的"内容感知填充"功能之后，CS6 中又有如下

两个基于内容感知的应用问世。

1. 补丁工具中增加了"内容感知"的修补模式（如图 11-19 所示）。

图11-19 内容识别模式

2. 工具箱中新增内容感知移动工具（如图 11-20 所示）。

混合工具基本相当于内容感知修补与内容感知填充的结合体，在源位置进行内容感知填充，在目标位置进行内容感知修补。

二、剪切工具裂变为剪切和透视裁切工具

就工具而言，剪切工具和形状工具是变化最大的两个工具，裁剪工具的升级终于解决了该工具一直存在的一个重大问题。

早期版本的剪切工具中，"透视"仅仅是其中的一个选项，新版中将其独立出来成为专门的透视裁切工具（如图 11-21 所示）。

三、基于摄影的选区增强

1. 魔棒工具增加了"取样大小"选项，使取样值更趋合理（如图 11-22 所示）。

2. 在"选择"→"色彩范围"命令中增加了"肤色"选区，同时配套"删除表面"选项，以自动检测面部区域获得更加精确的皮肤选区（如图 11-23 所示）。

图11-20 内容感知移动工具

图11-21 透视裁剪工具

图11-22 魔棒工具取样大小选项

图11-23 色彩范围肤色选项

四、滤镜

1. 增加了自动适应广角滤镜、油画滤镜以及三个模糊滤镜——焦点模糊、光圈模糊、移轴模糊（如图 11-24 所示）。

2. 改进的滤镜包括液化滤镜、镜头校正滤镜以及光照效果滤镜。

液化滤镜去除了镜像工具、湍流工具以及重建模式；同时设置了"高级模式"复选项，即将液化分解为精简和高级两种模式

（如图 11-25 所示）。

镜头校正滤镜界面上没发现什么变化，但作为改进的滤镜，估计是对镜头配置文件进行了扩充。

光照效果被改造为全新的"灯光效果"滤镜，该滤镜使用全新的 Adobe Mercury 图形引擎进行渲染，因此对 GPU 的要求很高。其界面表现为工作区的形式（如图 11-26 所示）。

图11-24 模糊滤镜新增功能

图11-25 液化滤镜面板

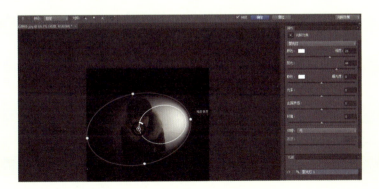

图11-26 灯光效果滤镜

11.4 印刷技术区更改

面向印刷设计的应用本来是 Photoshop 早期版本的重点，随着数码技术的兴起，从 2002 年的 7.0 开始，面向摄影的应用开始成为新宠，面向摄影的功能开发一直是 Photoshop 升级的重点。现在摄影方面的功能明显已经处于过饱和状态，于是在此次升级中，印刷设计再次得宠，成为本次升级的重点之一。主要表现在以下几个方面：

1. 专门设置了"印刷"工作区，可见 Adobe 此次对印刷设计的重视非同一般。

2. 文字的地位显著上升。

（1）菜单栏中专门设置了"文字"主菜单。在菜单栏这样一个显赫的位置，让文字挤进来占有一席之地，这是多么不容易的事。

（2）给文字新增了"字符样式"和"段落样式"两个配套的调板。

字符样式和段落样式本身没什么高深的技术含量，与 Word 中的字符样式和段落样式大同小异，但作为两个调板出现同样不容小视（如图 11-27 所示）。

3. 路径、形状等矢量工具的功能有了突破。

（1）子路径的堆叠顺序可以灵活调整。

因为每条子路径都可以设置独立的组合模式，因此它们的堆叠顺序直接影响它们的组合效果。在旧版中总是按照绘制的先后顺序进行堆叠而且不可调整，因此我们必须要

弄清楚哪条是老路径，哪条是新路径。在新版中，子路径的堆叠顺序可以自由调整，这无疑更加丰富了子路径的组合效果（如图 11-28 所示）。

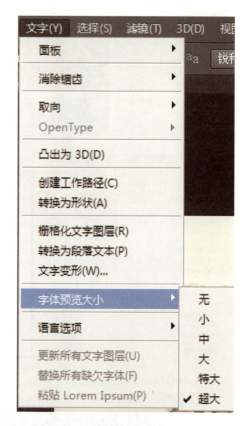

图11-27 文字面板字体预览大小

图11-28 子路径的组合方式

（2）完美地解决了虚线绘制这一问题。

如何绘制各类虚线，在旧版中试图用"样式"解决这个问题，这种方案其实是通过为形状图层添加一个描边样式来实现的，且不说虚线的效果多不美观，更为重要的是，它注定有一个致命问题：通过它绘制的线条总是封闭的，无法绘制出通常意义上的开放线条。

新版中的解决方案不再依赖于描边样式，而是采用了独立于样式的解决方案，使这一问题很好地得到了解决。不仅可以绘制出开放的线条，而且还可以对线条进行更为有效的编辑，诸如描边的位置、端点和拐点的处理方式，以及虚线中破折号与间隔的长度等（如图 11-29 所示）。

（3）填充和描边的颜色不仅可以是纯色，还可以是渐变和图案（如图 11-30 所示）。

图11-29 描边选项中虚线

图11-30 描边和填充中的图案和渐变色

（4）捕获矢量工具与变换的像素网格（如图 11-31 所示）。

这个选项是用来解决矢量对象与像素的对齐问题的。这一功能在旧版中只是作为矩形和圆角矩形的一个选项，很显然，在旧版中只有矩形和圆角矩形才拥有此功能，新版中，对这一功能进行了大幅度扩展，具体可以概括为以下两点：

①适用的范围更加广泛——适用于任何路径对象，包括钢笔点、直线以及任何具有水平线和垂直线的路径对象，也包括选区自由变换时的定界框（本质上定界框同样属于路径对象）。

②对齐的目标增加——以前的对齐目标只有像素的网格线一种，而新版中还可以基于像素网格线的节点对齐。

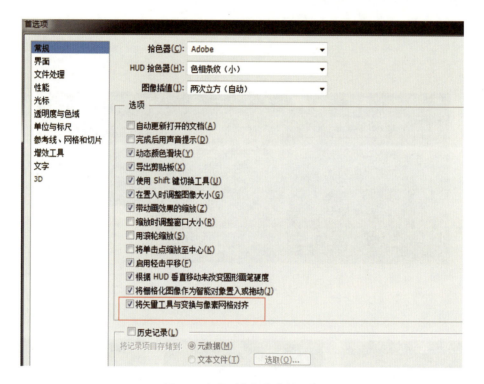

图11-31 矢量对象与像素的对齐

11.5 动画编辑区

1.Photoshop CS6 中引入了自己的编码解码器，摆脱了对 Qiuck Time 的依赖，全面支持音频格式，支持的视频格式也更加丰富。

在以往的版本中，导入 / 导出视频文件时必须得有 Qiuck Time 的支持，在新版中导入 / 导出视频文件时不必再受制于 Qiuck Time。

旧版的渲染引擎如图 11-32 所示。

新版的渲染引擎如图 11-33 所示。

图11-32 旧版渲染面板

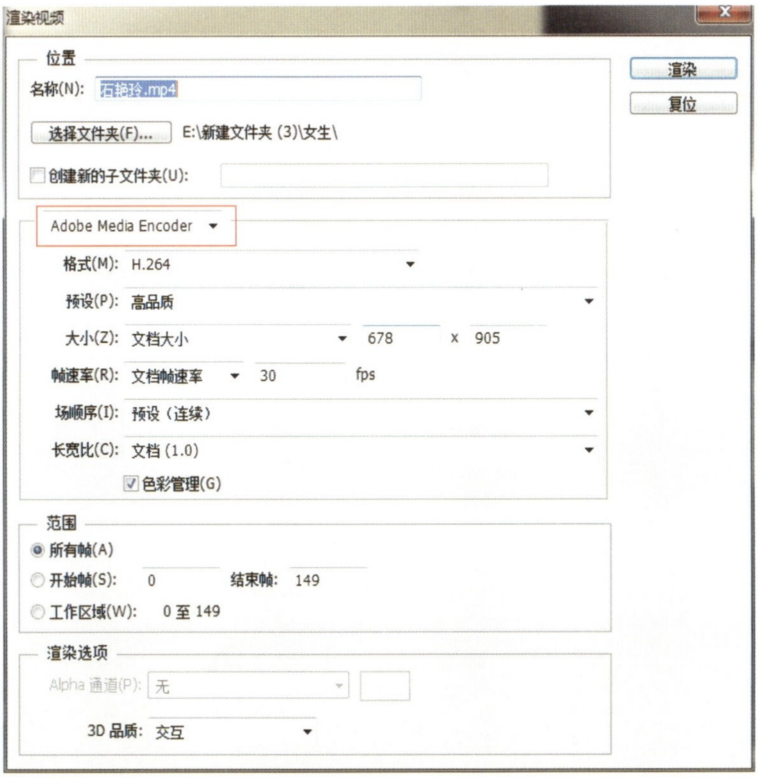

图11-33 新版渲染面板

全面支持音频格式，视频格式的支持也更加丰富（如图 11-34 所示）。

2. 以轨道的方式组织素材，使素材的组织更显条理，更具专业风格。

旧版是以图层的形式组织素材，当图层较多时势必显得复杂凌乱。新版在继续支持图层组织形式的基础上，开始以支持轨道的方式组织素材，这是专业视频编辑软件所使用的素材组织形式。

只不过由于视频轨道中的素材还要同时出现在图层调板中，因此起了个"场景"的名字，而音频则直接以"轨道"命名（如图 11-35 所示）。

3. 动画的内容进一步扩展。

在旧版中，对于普通图层及智能对象只能基于老三样（位置、不透明度、样式）进行动画，而对于 3D 图层，则只能基于 3D 对象位置、3D 相机位置、3D 渲染设置、3D 横截面进行动画。在新版中，智能对象可以进行移动、旋转、缩放、斜切、扭曲、透视等各种变换的动画，而 3D 图层也增加了基于灯光、材质、网格的动画（如图 11-36 所示）。

图11-34 文件类型格式

图11-35 时间轴面板

4. 引入了转场的功能。

新版引入了转场功能，尽管目前还比较简陋，但对于 Photoshop 来讲是一次飞跃（如图 11-37 所示）。

图11-36 时间轴中3D图层动画设置

图11-37 转场面板

小 结

　　本章对 Photoshop CS6 的新功能进行讲解，有些新的功能在初期使用和教学中使用较少，随着个人技术水平的提高，新功能的使用技巧会日益凸显，由于笔者水平有限，可能还有一些新功能未能涉及，望读者批评指正。

实训练习

　　1. 使用滤镜中新增的自动适应广角滤镜、油画滤镜以及三个模糊滤镜，对图片进行处理。

　　2. 使用新的动画编辑面板导出一段 3 秒的影音文件。

注：本书参考的网络资料及其他资料，因未联系到作者，稿酬支付请联系 010-83293508。